牛津通識課
宇宙篇

牛津大學出版社(OUP)
授權中文版

黑洞

扭曲
時空之地

BLACK HOLES

A VERY SHORT INTRODUCTION

凱薩琳・布倫戴爾
——著
葉織茵
——譯

KATHERINE MARY BLUNDELL

目錄

第一章

黑洞是什麼？

黑洞是太空中重力極強的區域，任何粒子運動的速度再快，也無法快到從黑洞的內部向外逃逸，就連光也不行。起初，黑洞只是理論物理學家馳騁想像力的產物，但時至今日，宇宙中證實存在的黑洞已有數百個，推論存在的則高達數百萬個。黑洞會與周圍環境交互作用並造成影響，我們看不見這些天體，但仍能清楚探測到這些交互作用，而這些交互作用會有什麼特性，則端看它們發生的地點與黑洞相距有多遠：距離太近就無法逃逸，距離一拉開，又會發生某些壯觀而劇烈的現象。

一九六四年，安・尤因（Ann Ewing）在一篇報導一九六三年德州研討會的文章中，首次提到「黑洞」這個詞，卻沒說明這個詞是誰發想出來的。一九六七年，美國物理學家約翰・惠勒（John Wheeler）想用更簡單的說法來描述「重力完全塌縮的恆星」，才開始推廣「黑洞」一詞。不過，早在一九三九年，另外兩位美國物理學家勞伯・歐本海默（Robert Oppenheimer）與哈蘭・史奈德（Hartland Snyder），就發展出「塌縮星」的概念。如果再追溯下去，最早其實是在一九一五年，當德國物理學家卡爾・史瓦西（Karl Schwarzschild）以太空中不旋轉的孤立球體為例，初步解開愛因斯坦場方程式（即廣義相對論的重力場方程式組），就已經為近代物理學描述的黑洞奠定數學基礎。

二十年後，印度物理學家蘇柏曼揚・錢卓斯卡（Subrahmanyan Chandrasekhar）搶先一步在英國發表論文，比歐本海默與史奈德更早開始探討恆星衰亡過程的現象。後來亞瑟・艾丁頓爵士（Sir Arthur Eddington）審查錢卓斯卡的論文，也成功導出部分關於黑洞的數學式，而這項運算結果的物理意義，就是大質量恆星耗盡燃料後會塌縮成黑洞。然而一九三五年，艾丁頓爵士自己在倫敦皇家天文學會（Royal Astronomical Society）會議上，卻將這項發現斥為「荒謬」。儘管這個想法看似荒謬，但事實上，黑洞在銀河系乃至整個宇宙中都是不容忽視的物理現實。

到了一九五八年，美國物理學家戴維・芬克斯坦（David Finkelstein）更進一步推論，黑洞最外圍有一層單向膜。這項推論在當時廣受認可，也是本書後續章節討論的重點。一旦跨入這層最外圍的單向膜區，黑洞內部的重力拉力就會強到連光也逃不掉，這正是黑洞之所以為「黑」的原因。要了解這一類黑洞行為可能的成因，就要先知道，物理世界具有一項發人深省的特徵：任何粒子或物體的運動速度都有其上限。

多快才算快？

按照叢林法則，想躲開掠食者就要跑得夠快，除非你特別機靈或善於偽裝，不然一定要夠敏捷才能生存。哺乳動物逃離險境的最大速度，端看質量、肌力與代謝作用間複雜的生化關係，而宇宙中實體運動的最大速度，則取決於無質量粒子的運動速度，例如「光的粒子」——也就是光子（photon）。這個最大速度值，可以精確定到每秒 299,792,458 公尺，相當於每秒 186,282 英里，比聲音在空氣中傳遞的速度快了將近一百萬倍。假如能以光速行進，從英國到澳洲就只需要十四分之一秒，幾乎是一眨眼的工夫。光從離我們最近的恆星太陽行進到地球，只要八分鐘，而一顆光子從離我們最遠的行星海王星出發，只要數小時就能抵達地球。因此，我們會說太陽距離地球八光分，而海王星距離地球數光時。這麼一想，倒是很有意思，如果太陽停止發光，我們要過八分鐘才會發現，而如果海王星突然變紫色，我們則要過數小時才會觀察到這個重要資訊。

現在想想看，當光從太空中更加遙遠的地方回到地球，運動速度可以有多快?銀河系包含我們居住的太陽系，直徑約為數十萬光年（light-year），換句話說，光從銀河系一端行進到另一端，需時數十萬年。

銀河系是本星系群重要的一員，而最靠近本星系群的星系團則是天爐座星系團（Fornax cluster），離我們有幾億光年。因此，如果天爐座星系團的一個星系裡，有一顆繞著恆星轉的行星，行星上有一個觀察者正望向地球，那麼他只要用對儀器，就有機會看到恐龍左搖右擺，在地球上漫步。

光的運動看起來會這麼遲緩而費時，純粹是因為宇宙浩瀚得超乎想像。光速作為宇宙中物體運動速度的極限，會產生奇妙的效應，等我們開始思考火箭如何上太空，就會明白這一點。

逃逸速度

如果要發射火箭到太空，發射速度卻太慢，火箭就沒有足夠的動能（kinetic energy）來掙脫地球的重力場。然而，如果火箭的速度剛好夠掙脫地球重力的拉力，我們會說這架火箭已經達到逃逸速度（escape velocity）。當火箭要脫離大質量天體（如：行星），天體的質量越大，火箭距離天體的質心（center of mass）越近，火箭的逃逸速度就越大。我們可以將逃逸速度 v_{esc} 寫成 $v_{esc} = \sqrt{2GM/R}$，其中M為天體的質量，R為火箭到天體質心的距離，G為常數（即牛頓重力常數）。重力無時無刻不在起作用，所以會將火箭拉向行星或恆星的中心，也就是拉向天體的質心，逃逸速度的值則與火箭的質量毫無關係。因此，如果有一架火箭，從距離地球質心約莫六千四百公里的卡納維爾角（Cape Canaveral）出發，那麼不管火箭內部的有效載重是數支羽毛，或數架大鋼琴，逃逸速度的值都一樣，比每秒十一公里略微多一點，約為聲速的三十四倍（可以寫成三十四馬赫）。

現在，假設我們可以將地球全部質量收縮，讓地球佔據的體積變小，半徑變成原本的四分之一。這時從距離質心六千四百公里處發射火箭，火箭的逃逸速度仍然維持不變，但如果轉移陣地到這顆新地球的表面上，從距離質心一千六百公里處發射火箭，逃逸速度就會變成原來的兩倍。

我們再假設發生一場災難，導致地球全部質量收縮成一個點，再也沒有任何空間延度，此時這個點就稱作奇點（singularity）。原本的地球從此變成一個「質點」（point mass），一個在太空中佔據零體積的大質量天體。在距離奇點近到只有一公尺處的地方，逃逸速度將遠大於在一千六百公里處，約為光速的十%。倘若繼續靠近，直至距離奇點不到一公分處，逃逸速度就會等於光速，此時連光本身的速度也不足以逃離重力拉力，而這正是掌握黑洞運作原理的關鍵觀念。

我們最好先釐清「奇點」一詞的意義。一般認為，重力持續塌縮到最後，並不會導致物質收縮成幾何點，而是古典重力理論會失效，自此邁入量子範疇，所以從現在起，我們就用「奇點」來稱呼這種超高密度的狀態。

事件視界

想像你是太空人，正駕駛太空船漸漸靠近這個奇點，目前還有一段距離，你隨時可以調轉船頭撤退，但越接近奇點，就越難從容離去。到最後，你與奇點的距離會近到你無法逃逸，這是因為你已經抵達事件視界（event horizon），太空船的引擎力量再大也救不了你。

事件視界是數學定義的一種球面，在事件視界這道界限之內，逃逸速度大於光速。以先前的思想實驗為例，當地球場縮成一個點，這個球面可以視為半徑僅一公分的球體的表面，奇點位居中心。此時太空船大概還能輕鬆避開，但如果場縮成黑洞的不是行星，而是恆星，事件視界的範圍就會大得多。

事件視界會造成一個重要的物理結果：按照物理定律，在這個球面上或進入球面之內，你就無法逃脫，除非你能超越宇宙中實體運動速度的極限，但這不太可能辦到。由此可見，事件視界是一道基準分界，視界之外，你的命運操之在己；視界之內，你的未來萬劫不復。

學者為了紀念卡爾・史瓦西，將事件視界半徑命名為「史瓦西半徑」。史瓦西於第一次世界大戰服役期間，為著名的愛因斯坦場方程式提出第一個精確解，奠定了廣義相對論的基礎。

史瓦西半徑寫作 $R_s = 2GM/c^2$，其中M為黑洞質量，G為牛頓重力常數，c為光速。利用這個公式，就能算出地球的史瓦西半徑只有不到一公分。同理，也能算出太陽的史瓦西半徑為三公里。換句話說，如果將太陽全部質量擠壓成一個奇點，距離這個點三公里處的逃逸速度就會等於光速。以此類推，如果一個黑洞的質量是太陽的十億倍，即該黑洞質量為十億個太陽質量（solar mass，譯按：天文學常用質量單位），那麼該黑洞的史瓦西半徑也會是太陽的十億倍。無自轉質點的史瓦西半徑完全跟質量成正比。第六章會談到，我們認為在許多星系的中央，都有這種巨無霸黑洞。

其實在牛頓物理學的範疇，就能設想並描述事件視界。早在愛因斯坦之前幾個世紀，就有人在思考類似黑洞的物理實體，而他們設想出的物理實體讓世人對時空改觀，影響深遠。當中最重要的思想家是約翰・米歇爾（John Michell）與皮埃爾—西蒙・拉普拉斯（Pierre-Simon Laplace），兩人早在十八世紀就想出類似黑洞的「暗星」（dark star），我這就來解釋一下他們的成果。

天文學值得注意的一個特點，就是人即使一輩子離不開地球，也能夠發掘許多宇宙的祕密。舉例來說，人類從未登上太陽，但在十九世紀末就透過分析太陽光光譜，看出太陽含有氦。值得注意的是，這也是首次發現氦元素本身，換句話說，人類發現太陽中的氦，遠比檢測出地球上的氦更早。而在更久遠以前的十八世紀，就已經有人闡述黑洞的原理，尤其是現在我們稱作「暗星」的觀念，所以米歇爾搶先提出石破天驚的想法，多少也是時勢造英雄的結果。

約翰・米歇爾

英格蘭喬治王朝（Georgian era）算是比較和平的時代，當時內戰已成過往，離法國邁入拿破崙時代又還有一段日子，所以國內情勢相對穩定。在這樣的時代背景下，約翰・米歇爾牧師（圖1）和他的父親一樣接受大學教育，也加入英格蘭國教會。米歇爾身為西約克郡桑希爾鎮的教區牧師，可以長期投入感興趣

圖 1　約翰・米歇爾，博學的人

©Thornhill Parish Church

的科學研究，鑽研地質學、磁力學、重力學、光學、天文學等不同領域。如同其他同時代的英格蘭科學家，像是天文學家威廉・赫歇爾（William Herschel），以及米歇爾的好友、物理學家亨利・卡文迪許（Henry Cavendish），米歇爾也乘著新興的牛頓思想浪潮前進。當時，艾薩克・牛頓爵士（Sir Issac Newton）提出重力定律，說明讓太陽系行星沿著軌道運行的作用力，正是讓蘋果從樹上掉下來的作用力（大家想必都聽過這個故事），顛覆了世人的宇宙觀。

根據牛頓思想，宇宙可以用數學方法來研究，於是新派科學家在各種領域都開始應用這個新穎的世界觀。米歇爾特別重視應用牛頓的觀念，想藉由測量恆星發出的光，估算地球與鄰近恆星的距離。他以此為基礎提出不少方法，例如將恆星的亮度與顏色相關聯，同時，他也研究雙星（binary star，受到彼此重力束縛的一對恆星），想從雙星的軌道運動得出有用的動力資料。此外，他也探討天空中恆星往往聚集在特定區域的原因，並藉由隨機分布驗證，推論恆星是因彼此重力牽引而聚集成團（gravitational clustering）。

米歇爾的想法在那個時代都還無法實作，一來是雖然同時代的威廉・赫歇爾也在編列各種雙星及新天體，而且成果斐然，但已知的雙星仍少之又少。二來是恆星的亮度與顏色的關係，其實跟米歇爾最初的看法不太一樣。儘管如此，米歇爾依然拚盡全力，想用牛頓解釋太陽系的方法來解釋更浩瀚的宇宙，也就是用一種科學的、理性的動力學方法來分析觀察結果，提出更多關於天體特性、質量與距離的新知。

照米歇爾的說法，光的粒子「被牽引的方式，就如我們熟知的其他天體，亦即牽引力強弱與慣性力大小（vis inertiae，米歇爾這裡是指粒子質量）成正比，這一點毋庸置疑。我們目前知道，或者說有理由相信，重力是自然界的普遍定律」。有了這個想法，米歇爾推論出獨到的見解：巨大恆星發射出的粒子，會在該恆星重力拉力作用下減緩速度。因此，恆星的光抵達地球時的速度會比一開始慢。

牛頓已經證明光在玻璃中行進速度會變慢，而這解釋了折射原理。米歇爾主張，如果恆星的光也一樣會變慢，那麼研究恆星的光通過稜鏡的情形，或許可以看出這種減速現象。後來有人做了這項實驗，但不是米歇爾，而是皇家天文學家涅維爾・馬斯基林牧師博士（Nevil Maskelyne），當時他希望能證明恆星光的折射性。卡文迪許寫信給米歇爾，告訴他這方法不管用，「要找到這種光速明顯變慢的恆星，實在不太可能」。米歇爾看完信很失望，但天文學上必須對許多無法計量的事物進行猜想，才能作出推斷。舉例來說，恆星發出的光，會不會受到恆星自身的重力拉力影響？米歇爾沒辦法打包票，不過他勇於提出有趣的預言。

如果一個恆星的質量夠大，重力也的確會影響恆星的光，那麼，重力就有可能大到足以完全拖住光的粒子，不讓它們逃逸，這樣的天體就稱為暗星。

米歇爾牧師一生沒沒無聞，窩在教區長寓所記錄自己的發現，成為有史以來第一位構思出黑洞的人，但至此為止，他測量地球與各恆星距離的計畫通通泡湯了。他的健康狀況也不太好，無法繼續操作望遠鏡。卡文迪許寫了封慰問信給他：「如果你身體欠安，無法使用望遠鏡，但願測量世界的重量這種輕鬆省力的工作，你還做得來。」卡文迪許是出了名的省話先生，這句怪怪的玩笑話指的是米歇爾另一個想法。「測量世界的重量」是一項實驗，在扭秤的木桿兩端各裝上一顆小鉛球，再將兩顆大鉛球分別放在小鉛球附近，觀察小鉛球如何受到大鉛球的重力牽引。這麼一來就能量出重力大小，進而推論出地球的重量。

米歇爾的想法很聰明，在他之前從沒有人這麼做，只可惜他沒來得及完成實驗就去世了，後來改由卡文迪許替他完成，時至今日，這項實驗就稱為「卡文迪許實驗」（Cavendish's experiment）。卡文迪許在科學上有許多突破未曾發表，以致功勞都算在後來的研究者身上，例如：歐姆定律（Ohm's law）、庫侖定律（Coulomb's law）。考量到這一點，後人才將扭秤實驗的榮耀歸諸卡文迪許，表彰他的貢獻。

皮埃爾—西蒙．拉普拉斯

正當英國處於一片祥和的啟蒙時期，皮埃爾—西蒙．拉普拉斯在英吉利海峽另一邊卻飽經動亂。拉普拉斯經歷了法國大革命，不過他在新成立的法蘭西學會（Institut de France）及綜合理工學院（École Polytechnique）頗具影響力，所以工作上順風順水，還曾在拿破崙皇帝治下任內政部長，只是拉普拉斯上任沒多久，拿破崙就懊惱地發現，他是一流的數學家，做政務官卻不太行。後來拿破崙寫道：「他處處吹毛求疵，光會空想一堆問題，瞎忙半天還把『無窮小』那一套搬到行政事務上。」

拿破崙手下還有其他政務官可供差遣，但像拉普拉斯這麼多產又識見敏銳的數學家，全世界可沒有幾個。不論在幾何學、機率學、數學、天體力學、天文學或物理學上，拉普拉斯的貢獻都不容小覷，鑽研的主題也很豐富，包括毛細作用、彗星、歸納推理、太陽系穩定性、聲速、微分方程，以及球諧函數，而他思索的其中一個觀念，就是暗星。

一七九六年，拉普拉斯出版《宇宙系統論》（*Exposition du système du monde*）。這本書的目標讀者是受過教育的知識分子，闡述了奠定天文學的物理學原理、太陽系的重力定律與行星運動，還有運動及力學定律，這些觀念可以用來研究各種現象，包括春秋分點的潮汐作用與歲差現象。

此外，拉普拉斯在書中也推論太陽系的起源，其中一段與本書內容密切相關。拉普拉斯算過與地球相似的天體要大到什麼程度，才會具備等於光速的逃逸速度，而他的解釋相當正確：如果一個恆星的密度與地球相仿，直徑卻是太陽的兩百五十倍，那麼這個恆星表面的重力就會大到連光也無法逃脫。於是拉普拉斯斷言，宇宙中最龐大的天體是看不見的。

我們以為在外太空，就只有我們看得到的那些閃閃發光的天體，但會不會還有更龐大的天體一直潛伏在幽黯的夜空，只是我們偵測不到？匈牙利天文學家弗朗茲・薩佛・馮扎克（Franz Xaver von Zach）請拉普拉斯提供導出這項結論的計算過程，拉普拉斯照辦了，他以德文寫下推導過程，刊登在馮扎克編輯的一本期刊中。

不過，當時拉普拉斯已經注意到光波動說。米歇爾和拉普拉斯的想法，都有部分奠基於光微粒說，如果光是由微小粒子組成，就能合理推論這些粒子會受到重力場影響，且會受到足夠大的恆星束縛。然而，十九世紀初葉進行的一些實驗，似乎比較支持光波動說。如果光並非粒子構成，而是一種波，就很難看出光怎麼會受到重力影響。於是後來幾次再版的《宇宙系統論》，就這麼無聲無息刪略了拉普拉斯預言存在的暗星。畢竟，米歇爾和拉普拉斯都是純理論的推測與探討，並非為了解釋觀察結果而推論，這個觀念也因此被淡忘了一段日子。

米歇爾和拉普拉斯想像的這種天體，就稱為「暗星」。這種宇宙中的龐大天體質量極大，所以能維持行星系統運作，卻也因為體積非常大，無法藉由光輻射來觀察。米歇爾和拉普拉斯所說的暗星發出的光速度太過緩慢，克服不了恆星表面的巨大重力，而他們沒料到的是，超大質量累積到最後會因不穩定而塌縮。不僅如此，暗星塌縮的過程中還會擊穿時空結構，產生奇點。由此可見，「黑洞」並非「暗星」。要根據這個論點進一步推論，連結到「黑洞」這項天文學發現，我們首先需要了解時空的特性。

時空

我們基於日常生活經驗描述有形宇宙時，習慣表示成一個時間座標 t 以及三個空間座標 x、y、z——後者為勒內．笛卡兒（René Descartes）提出的觀念，x、y、z 分別對應到三個互相垂直的座標軸，稱為笛卡兒座標（Cartesian coordinates[1]）。

一九〇五年，愛因斯坦發表論文探討狹義相對性，即運動與靜止的相對性，造成觀念革新。一九〇七年，德國數學家赫曼・閔考斯基（Hermann Minkowski）設想一種四維時空，說明如何深入了解愛因斯坦的成果。這種四維時空中的點都對應到某個「事件」（event），可以確切表示成四維座標（t,x,y,z），而一個「事件」，則是一個特定時間（t），與一個特定空間（x,y,z）下的產物。在所謂的閔考斯基時空（Minkowski spacetime）中，一個四維座標精確描述了一個事件發生的地點與時間點。

愛因斯坦的狹義相對論，可以用閔考斯基的時空理論來表述，同時也提供一種方便的說法來解釋，當不同的參考系發生相對運動，各自會出現什麼物理過程。所謂「參考系」（frame of reference），就是指某一個觀察者的觀察角度。愛因斯坦之所以稱之為「狹義」（special），是因為這個理論只能處理一種特殊

1 譯按：又稱為直角座標。

情況，亦即非加速（non-accelerating）參考系，又稱為「慣性參考系」（inertial frame of reference）。換句話說，狹義相對論只能應用在等速度運動的非加速參考系。舉例來說，當你鬆手讓一顆石頭落下，石頭掉落到地面的過程中會不斷加速，此時這顆石頭的參考系，就是一個加速參考系，無法用愛因斯坦的狹義相對論來解釋。只要是重力存在的地方，就有加速度。

因為狹義相對論有這樣的限制，所以在提出狹義相對論十年後，愛因斯坦更進一步發表廣義（general）相對論。他發現，雖然笛卡兒空間與閔考斯基時空都是固定不變的參考系，萬物在當中「安居、移動、存在」，但實際上，時空是一種更順勢應變的實體，既可以彎曲，也可以在質量作用下扭曲變形。在某個物理現象中一旦出現質量，緊接著就會發生一種與質量密不可分的行為，塑造著現實的樣貌，約翰．惠勒將這種行為概括為簡潔有力的兩句話：

● 質量作用在時空上，告訴時空如何彎曲

●時空作用在質量上，告訴質量如何運動

廣義相對論的愛因斯坦場方程式，將時空曲率與重力場關聯起來，可以用來量化這種行為。

物理學家開始認為，大質量天體周圍可能環繞著重力位能井（gravitational potential well）。如圖2所示，兩個黑洞附近的時空扭曲變形，變形區域各自彎曲的樣子，都可以視為直接受到黑洞質量影響，因而也是直接受到重力本身影響。再者，時空中的奇點可被視為時空曲率極大

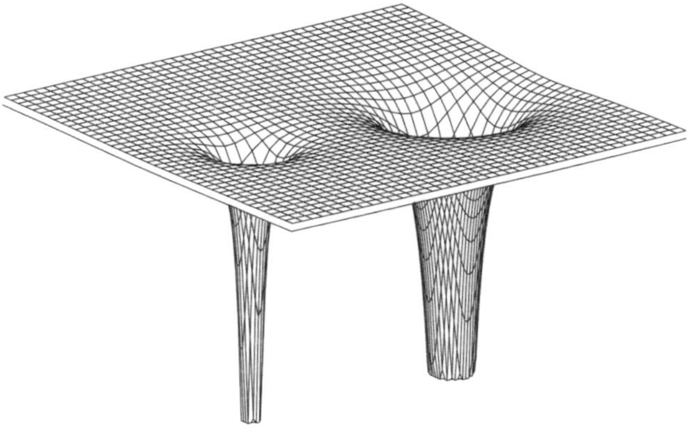

圖 2　質量導致周圍的時空扭曲變形，亦即時空被彎曲。

的區域，談到這裡，我們已經超越古典重力理論，進入量子範疇。

事件視界包圍著奇點，形成單向膜：粒子與光子可以從膜外進入黑洞，但什麼也無法從黑洞視界之內逃逸到外面的宇宙。其實除了質量，黑洞還有其他特性，也可以利用那些特性來計量黑洞。比方說，如果黑洞會自轉——或者更精確地說，如果黑洞有能力自旋——就會出現更極端的行為。這裡我們不急著深入追究，而要先轉個彎想一想，如何用圖解來呈現時空本身？

第二章

時空導覽

數學堪稱一種幾近完美的語言，可用於描述相對論如何應用在宇宙物理和所有時空，而像這樣的數學描述，也會談及在黑洞周遭產生的奇特行為。雖然用數學解釋精準而有效，不過讀者若未受過適當專門訓練，可能會對這種陌生的語言感到畏怯。但是，質性描述再怎麼精彩詳細，還是不如嚴謹的數學方程式有說服力，也稍嫌不夠精確，無法統括全面。有道是「一圖勝千言」，作圖可以勾勒出物理過程的樣貌，是很管用的折衷辦法。因此，所謂的「時空圖」（spacetime diagram）確實值得我們下點功夫去了解。

時空圖

圖3是一種簡略的時空圖。按照慣例，縱軸是「類時軸」（time-like axis），垂直類時軸的橫軸則是「類空軸」（space-like axis）。因為有三條類空軸（通常分別以 x、y、z 表示）、一條類時軸，所以當然需要四條軸線來描述

時空，不過畫出兩條對我們來說就夠了，再說也畫不出四條互相垂直的軸線嘛！

圖中兩道軸線交會的位置稱作「原點」，可以視為畫出時空圖的觀察者所在的「此時此地」。假設有一個理想瞬時事件：「按下相機快門」的動作，出現在時間中的某一時刻、空間中的某一位置。那麼，我們可以在時空圖上，以一個符合前述時刻與位置的圓點，來表示這個瞬時事件。如圖3所示，有兩個圓點，在空間上是分離的，亦即這兩個圓點並非在空間軸上同一個點出現；不過，這兩個圓點仍是同時出現，亦即在時間軸上座標相同。我們可以把這兩個圓點想像成兩位離彼此有一段距離的攝影師，對著同樣的景物同時按下快門。如果時空圖上的圓點代表「按下快門」的事件，那線條又代表什麼呢？我們以線條表示物體在時空中行進的路徑，如此而已。就像平常生活裡，我們在時空中旅行，行經之處留下的路徑就是時空中的一條線（有點像蝸牛爬過留下一道閃亮亮的黏液），在物理學上稱為世界線（worldline）。舉例來說，如果你窩在家一整天，住址是合歡路22號，那麼在時空中，你的世界線就會是一條垂直的路徑，空間座標寫作「合歡路22號」，雖然你在時間上持續行進，在空間上卻固定不動。然而，如果你來一趟長途旅行，這時你不只在時間上行進，也在空間上移動，而且移動距離隨時間改變，因此，你的世界線就會開始傾斜。

以圖3的世界線為例，這條線有一部分是垂直的，越往上走開始傾斜，除了前述例子，也可以對應其他實體的世界線，而這條線垂直的部分，就表示這個實體靜止不動的時間。譬如前述其

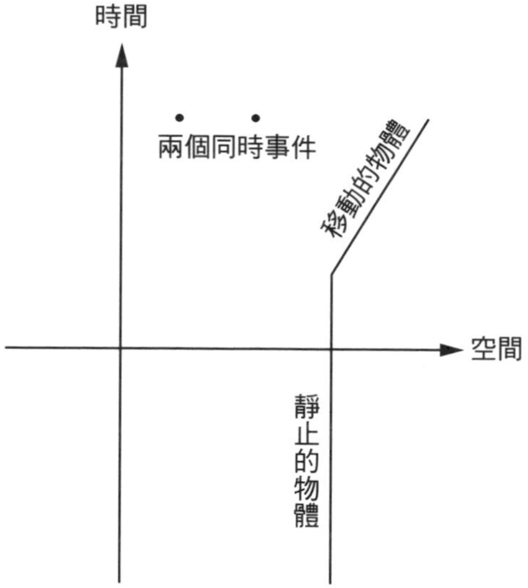

圖 3 簡略時空圖

中一位攝影師，把相機留在椅子上，因為相機位置不變，所以世界線是垂直的；接著有人偷走相機並匆匆逃走，於是相機位置開始持續變化。當世界線開始傾斜，相機位置也隨著時間不斷改變。從世界線的斜率可以看出距離隨時間變化的比率，而這通常被稱為速度。

就這個例子而言，世界線的斜率就是小偷帶著相機逃跑的速度，速度越快，意味著小偷在已知時間內行進的路徑越長，這部分的世界線也就越傾斜，越偏離垂直位置。小偷帶著贓物逃跑的速度當然有一個固定上限，也就是第一章談到的光速。我們用最大傾斜線來表示光束的軌跡，在時空圖上通常以精心制定的單位，表示成與時間軸成四十五度角的斜線。由於沒有任何東西的速度能超越光速，所以世界線與時間軸形成的夾角不可能超越最大傾斜線的四十五度。

在時空圖上，具備這個最大傾斜角的世界線，就對應到最大速度「光速」，而所有像這樣的世界線，更進一步形成重要的觀念——「光錐」（light cone）。這個觀念很簡單：你只能藉由某些前因對未來的宇宙產生影響，而且這種因果順序傳遞的速度不可能比光速更快。因此，此刻你的「影響圈」（sphere of influence）包含於有限的時空範圍之內，如圖4所示，即與正時間軸夾角不超過四十五度的區域。

不僅如此，能影響你的也只會是一系列事件構成的因果鏈，其傳遞速度一樣無法超越光速。因此，此刻唯一能影響你的事件，都包含於與負時間軸成四十五度角的區域之內。

現在我們畫出一幅時空圖，圖中有兩條類空軸與一條類時軸，那麼原本圖4的三角形就會變成錐體，也就是所謂的光錐。如圖5所示，光錐勾勒出一個空間區域，原則上，我們視為站在原點（即「此時此地」）的觀察者，不必突破宇宙速度極限，也就是不必行進得比光速還要快，就能到達這個空間區域之內（或者在過去已經到達）。因此我們說，以正時間軸（未來）為主的區域是「未來光錐」，以負時間軸（過去）為主的區域則是「過去光錐」。

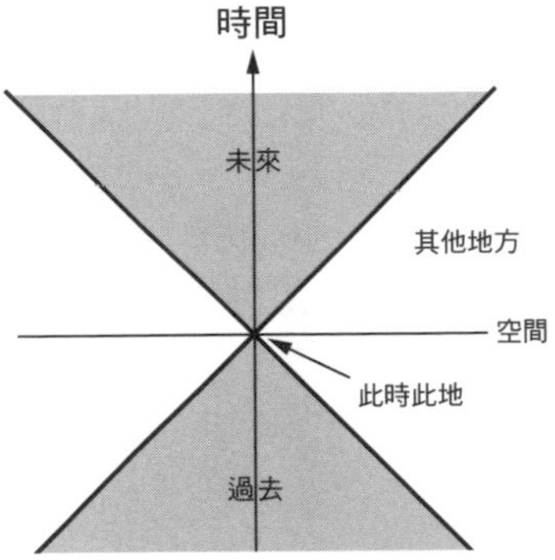

圖 4　簡略光錐圖

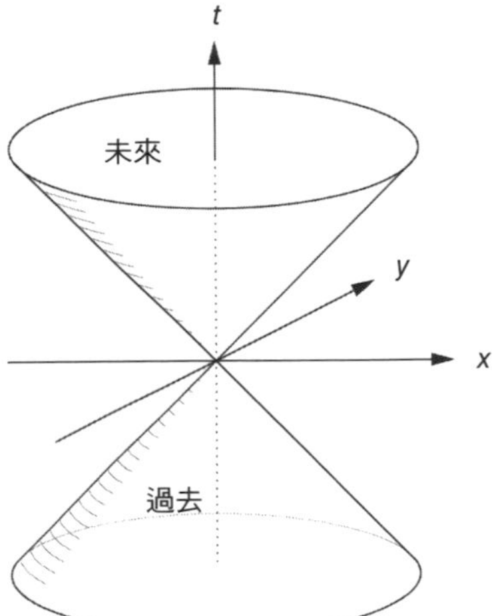

圖 5　表現某一個特定觀察者的光錐的時空圖

由此可見，西元前四四年凱撒大帝（Julius Caesar）遭暗殺，也是你過去的一部分，因為我們可以想見這個事件與你之間的因果關係，而且你在學校必須學習這段歷史，正好說明這個因果關係確實存在！再者，仙女座星系的光能到達地球的望遠鏡，也是你過去的一部分，只不過這道光要經過六百萬年才能抵達我們這裡，所以六百萬年前的仙女座星系，才是你過去的一部分，位於你的光錐之內。至於現在的仙女座星系，甚至是西元前四四年的仙女座星系，都在你的光錐之外。不論現在或西元前四四年發生在仙女座的事件，都無法影響此時此刻的你，因為那些事件產生的因果鏈絕不可能傳遞得比光速更快。

目前在本章看到的三幅時空圖，其軸線都標示為時間軸與空間軸，但實際上，天文物理學家通常不會標明，甚至不會畫出這些軸。雖然直的時間橫的空間畫到懶得畫，也不是沒有的事，但原因不光是如此而已，最主要是各個觀察者對時空中確切位置的看法並不一致。在狹義相對論的世界裡，同時性（simultaneity）的觀念瓦解，兩個事件在某個觀察者看來是同時發生，並不表示對其他觀察者而言也是同時發生。

因此，當一位觀察者在太空船中，以相對於相機的高速行進時，並不會看到兩位攝影師「同時」按下相機快門；這位觀察者會推斷，其中一台相機遠比另一台相機更早按下快門。在圖3，我說兩個事件同時發生，所以將兩個圓點畫在相同的垂直高度，但對快速行進的觀察者而言，這兩個圓點在他的時空圖上會出現在不同的垂直位置。愛因斯坦的相對論會說，這位觀察者的時空圖就跟我的一樣站得住腳。話是這麼說，但如果圓點在時空圖的位置取決於觀察者的觀點，也就是他們的參考系，又何必畫出來呢？

為了了解這一點，我們可以針對移動粒子的世界線來討論。現在我們畫一幅新的時空圖，圖中有一個粒子帶著它的光錐在時空中移動（這個技巧被稱為使用共動參考系）。注意粒子行進的速度無法超越光速，所以圖6中粒子的路徑（即世界線）永遠位於光錐之內。

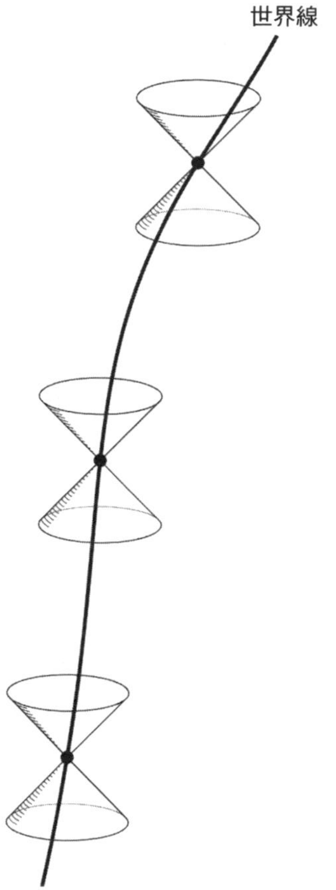

圖 6　時空圖：一個粒子沿著其世界線移動，這條世界線永遠包含於未來光錐之內。

愛因斯坦的狹義相對論是廣義相對論的一部分，只涉及有限的物理現象，我們需要比狹義相對論更宏大的概念架構，才能討論正在膨脹的時空，而膨脹宇宙就是一個很好的例子。膨脹宇宙的因果律表現為：你在身處的那一小塊空間內，無法移動得比光速更快。

物體如何決定自己的行進方向？

雖然光子沒有質量，但事實證明光子還是會受到重力影響，不過最好把這想成時空曲率造成的現象，而非力作用的結果。我們通常認為光子沿直線行進，所以有「光線」（light ray）的觀念，但其實光在被彎曲的時空中，會沿著一條稱作測地線（geodesic）的路徑行進。

「測地線」一詞源自測地學（geodesy，意即「測量地球表面的地形」），儘管這個名詞讓人聯想到地球，卻是很重要的概念，可以描述宇宙所有時空的特性。如果空間沒有被彎曲（一如學校教的普通幾何學，承襲自歐幾里得及其傳人），測地線就是光線會行進的「直線路徑」，而兩點之間的最短距離是光線「想要」走的路線，也就是所謂的「零測地線」（null geodesic）。在彎曲的空間中，兩點之間的最短距離並非我們以為的「直」線，但「測地線在彎曲的空間中是直線」。我們也可以說，你朝同一方向持續移動所經過的路徑，就是所謂的直

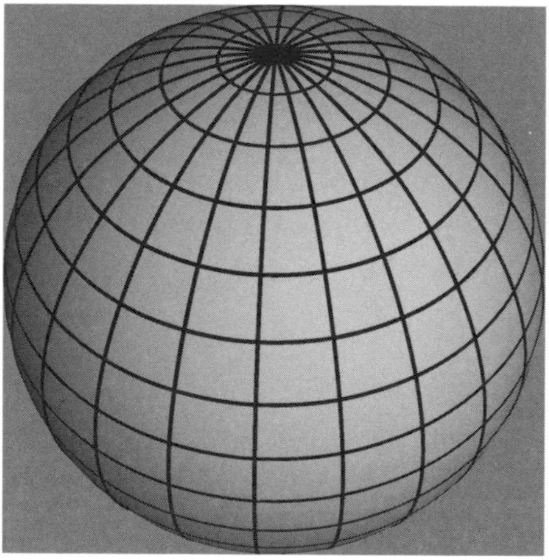

圖 7 球面上的經線在赤道平行，在極點相交。

線。舉例來說，想一想球面上的經線，就會發現曲面幾何學很不一樣。兩條相鄰的經線（在赤道上互相平行）會在極點交會，如圖7所示，但根據歐幾里得最後一條公理，在平坦空間中，平行的直線只會在無窮遠處相交。

事實上當時空被彎曲，比方說受到質量作用而彎曲，那麼能夠自由移動的光線或「試驗粒子」（test particle，物理學家設想的思考工具），於沒有任何外力作用的狀態下，在兩個事件之間行進的路徑就會表現出時空的曲率。我們將這兩個事件視為四維時空的兩個點，分別以 t,x,y,z 的形式來表示。

度規（metric）是一種規範，決定了時鐘與直尺在時間與空間中，如何測量事件之間的間距，並為解決幾何學上的問題奠定基礎，像畢氏定理就是一種簡單的度規，決定我們如何計算平面上兩點之間的距離。愛因斯坦場方程式的解則告訴我們，在已知物質分布的情況下該如何算出時空的度規，而我們更進一步運用時空的度規來畫出真實宇宙的測地線。

舉例來說，相對論最早得到的一批觀測證據，就包含了在日蝕期間測量恆星的光被太陽彎曲的程度。順帶一提，日蝕期間月球會遮住太陽光，所以很適合觀測太陽圓面附近恆星的視位置，一九一九年艾丁頓爵士就把握了這個好機會。太陽的質量導致時空彎曲，因此，遙遠恆星到地球上望遠鏡的最短路徑（即測地線），已經被太陽的重力場彎曲成弧形，並非直線，如圖8所示。

恆星的光被彎曲，證明空間本身是彎曲的，但愛因斯坦的廣義相對論告訴我們，實際上是「時空」被彎曲了，所以我們可以想見，質量大概也會對時間產生奇怪的作用。事實上，連地球

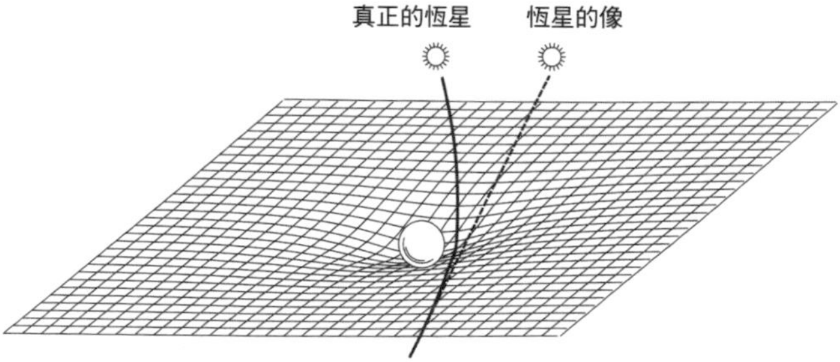

圖 8　太陽之類的質量導致時空扭曲或彎曲。

的重力場也足以對地球上的時鐘產生作用，讓指針轉動的速度比外太空的時鐘更慢一點。雖然這種影響微乎其微，只有十億分之一而已，卻還是測量得到，而且在黑洞事件視界周圍，重力的影響更加強大。因此，即使是最單純的無自旋黑洞，時間在黑洞附近運行的方式仍然與在距離黑洞極遠處不同，這是真實存在的效應，無關乎我們測量時間的方式，不論用原子鐘或電子錶都一樣。質量引發時空彎曲，使光錐朝有質量的物體傾斜，直接導致時間變慢，大致作用情況如圖9所示。

黑洞左右著光錐的方位。當一個粒子接近黑洞，其未來光錐會越來越朝向黑洞傾斜，而黑洞也越來越不可避免地成為這個粒子的一部分未來。一旦粒子穿越事件視界，所有可能的未來軌跡都會以黑洞內部為終點。粒子才剛進入事件視界，光錐就會大幅傾斜，導致其中一側開始與事件視界平行，且未來光錐會完全落入事件視界之內，這時已經不可能逃離黑洞，而圖9也闡明了這個觀念。

基本上，圖9是一幅「局部時空圖」（local spacetime diagram），我們透過成群的光錐，可以了解試驗粒子在不同位置面臨的局部情況。圖9中，時間沿著頁面往上遞增，因此，我們也可以稍微了解黑洞是如何形成，並吸收掉入的物質而不斷成長。

在第一章中，米歇爾與拉普拉斯研究的暗星，就像太陽系一樣，能將行星系統維持在周圍的軌道上。由此可見，我們唯有在探測到重力拉力時，才

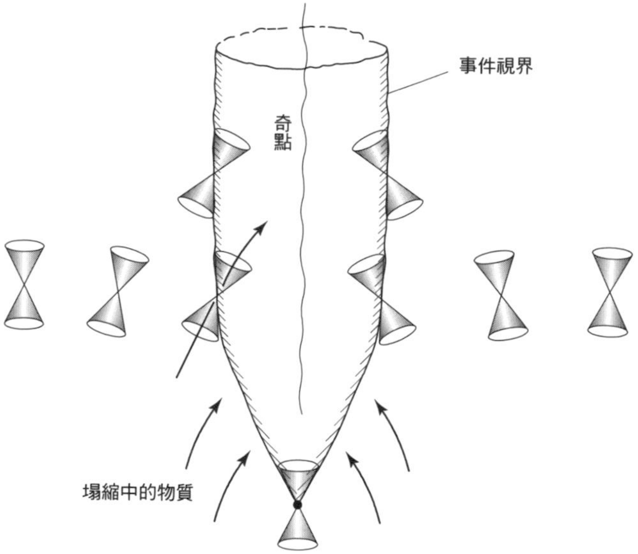

圖9　時空環繞著一個黑洞，可見在事件視界上的物體，其未來光錐皆位於事件視界內部。

能得知附近存在黑洞。讀到這裡，你或許會覺得要界定一個黑洞的特性只能由質量來判斷。但事實上，黑洞是否正在旋轉，也會大幅影響這個黑洞的特性。我會在第三章說明這個原理。

第三章

黑洞的特性

第一章介紹過，重力塌縮到最後，會形成一個為事件視界所環繞的質量奇點，這樣的天體如果不會旋轉，就稱為史瓦西黑洞。史瓦西黑洞專指不會自轉的黑洞，在天文物理學上，我們說這種黑洞不會自旋（spin）。簡言之，要辨別不同的史瓦西黑洞，除了靠它們的所在位置判斷，就只能觀察它們的質量多大。

我們在第七章會學到黑洞如何成長，但現在只要知道，重力導致的塌縮過程是關鍵推手就可以了。發生塌縮前，如果物質內部有任何旋轉作用，那麼不管轉得再怎麼緩慢，發生塌縮後只要沒有外力作用，旋轉速率都會提高。之所以出現這種現象，是因為角動量守恆。這是一條值得注意的物理定律，可以用溜冰選手的花式旋轉來說明：選手旋轉時，手臂越往軀幹方向內收，旋轉速度就越快。同理，如果一顆恆星本來在緩緩旋轉，那麼這顆恆星塌縮到最後，就會形成一個顯著自旋的黑洞，我們稱之為克爾黑洞。

實際上大多數的恆星都是在旋轉的，因為它們原本是緩慢旋轉的大質量氣體雲，經過重力塌縮後才形成今天的恆星。如果當初某個氣體雲，有那麼一點點淨旋轉的行為，那麼這個氣體雲在塌縮過程中的角動量就不為零，隨著物質充滿一個不斷縮小的體積，這個塌縮的天體最終的旋轉速率也會變得更快。由此可見，物質塌縮後新生的黑洞可能會旋轉，或者以我們更常用的術語來說，會自旋。這項特質即使不是必然出現，也算是相當常見。我們認為，就像現代政治少不了搞「旋轉」門，天文物理學上真實存在的黑洞也難免會旋轉啦！（只不過政治旋轉門跟角動量守恆沒啥關係就是了。）

前面說過，自旋速率或角動量是第二個物理參數，就像質量一樣，這種物理特性可以用來辨別不同的黑洞。因此，我們探究黑洞行為時，有兩個黑洞特性要銘記在心：質量與自旋。理論上，黑洞還有第三個特性，可能與黑洞的行為有關：電荷。在物理學上，電荷也是一種守恆量，而電荷之間的作用力，也就是所謂的靜電力，與重力有一些相似處。其中一個重要的相似處是，兩者在大部分情況下都遵守平方反比定律。舉例來說，如果你將兩個大質量天體之間的距離增加為原本的兩倍，那麼它們之間的重力就會降到原本的四分之一。

不過，重力與靜電力也有一個重要的相異點。重力永遠都是一種吸力，但靜電力有時是吸力（此時兩個物體攜帶的電荷相反，亦即其中一個帶正電，另一個帶負電），有時則是斥力（此時兩個物體攜帶的電荷正負號相同，不是都帶正電，就是都帶負電，所以相斥）。當兩個帶電體帶有同一種電荷，即使在重力作用下會彼此吸引，靜電斥力往往還是會阻止它們聚結。因此，雖然電荷是黑洞的第三種特性，我們會想要測量它，但實際上周遭的物質很快就會中和帶電的黑洞。因此，相關研究通常會巧妙假設，只有兩項重要特性能用來辨別不同黑洞：質量與自旋。報告完畢！

現在你或許會想，那可以用成分來辨別不同的黑洞嗎？比方說，一個黑洞本來是氫氣體雲，另一個本來是氦氣體雲，既然兩者源於不同的塌縮物質，形成黑洞以後，又為什麼不把這些成分視為特性加以測量？原因在於，物理訊息無法逃出事件視界！光是訊息傳遞的一種媒介，但我們在第一章已經知道，光無法從黑洞的事件視界之內逃逸到外面。因此，掉入黑洞內部的物質，不管是什麼化學成分，都不會影響我們在外部觀測到的黑洞特性。另一方面，把重力想成某種需要「逃出」黑洞的東西，就不對了。隨著黑洞逐漸形成，黑洞外部才出現持續存在的重力場，導致時空開始扭曲；一旦事件視界形成，任何來自黑洞內部的影響都無法改變黑洞外部的重力場。

黑洞無髮

當我們要描述某個人，往往會提到「頭髮」這個明顯的特徵，像是銀灰、草莓金或巧克力棕，而頭髮的特性有時也暗藏玄機，反映出一個人的年紀或他所屬的國族。至於其他更進一步的生理特性，像是「身體質量指數」（BMI），也許能告訴我們這個人的飲食習慣。然而，黑洞與人類正好相反，除了質量和自旋，根本沒有其他明顯特徵（電荷的部分忽略不計，理由前面說過了）。關於這一點，惠勒真是一語道破：「黑洞沒有頭髮。」這句話旨在強調，黑洞不具有任何來自前身恆星的特性，不再有類似的形狀、團塊、地貌、磁性或化學成分，什麼都沒有。一些物理學家進行過計算，其中來自白俄羅斯的雅科夫．澤多維奇（Yakov Zel'dovich）證明，當一個表面凹凸不平的非球狀恆星塌縮形成黑洞，其事件視界最終會穩定成光滑平衡的形狀，沒有任何團塊或隆起。所以說，黑洞從來不會被亂髮搞壞一天的心情！要了解黑洞，就只能從質量與自旋下手。

自旋改變現實

自旋黑洞最有意思的特徵，大概是重力場會把物體拉向黑洞的自轉軸，而不只是往內拉向黑洞的中心。這種效應稱為參考系拖曳（frame dragging）。當一個粒子徑向掉落在克爾黑洞上，因為是自由掉落在黑洞的重力場，所以會獲得非徑向運動（即旋轉）分量。

這意味著，對一個自旋的試驗粒子（如：小陀螺儀）來說，當它往一個旋轉的大質量天體自由掉落，例如克爾黑洞，它的自旋軸就會產生變化，彷彿它的本參考系被中央大質量天體的自轉拖曳。一九一八年物理學家發現這個現象，稱為冷澤－提爾芩效應（Lense-Thirring effect）。其實，不只黑洞周圍會出現冷澤－提爾芩效應，任何自旋天體某種程度上也會出現。如果將一個非常精確的陀螺儀放在地球軌道上，參考系拖曳效應就會導致這個陀螺儀進動。

第一章提過，愛因斯坦場方程式描述黑洞的數學原理，史瓦西解開了靜止（無旋轉）黑洞下的愛因斯坦場方程式。有鑑於一九一五年愛因斯坦提出廣義相對論，史瓦西在同一年就提出精確解，這確實是了不起的成就。而自旋黑洞下的場方程式則一直要到一九六五年，才由紐西蘭數學家羅伊・克爾（Roy Kerr）解開。幾年後，澳洲物理學家布蘭登・卡特（Brandon Carter）更進一步探討克爾的解。他深入研究克爾度規的推論，證明自旋黑洞的參考系拖曳效應，會導致黑洞周圍時空出現一個壯觀的渦旋。比方說，旋風就是一種渦旋，旋風中心一帶的氣流會快速打轉，行進途中不論遇到田野的乾草或荒漠的沙礫，都會通通帶走。在離旋風更遠的地方，氣流旋轉速度會慢很多，乾草或沙子當然也轉得慢。同理，環繞著黑洞的時空亦然：在遠離事件視界的地方，時空本身轉動的速度慢，但在事件視界，時空旋轉速度就和視界自旋速度一樣快。

自旋黑洞（即克爾黑洞）與無自旋黑洞（史瓦西黑洞）的事件視界幾乎一樣，差別在於，因為自旋速度越快，重力位能井越深，所以相同質量的克爾黑洞和史瓦西黑洞，克爾黑洞會形成比史瓦西黑洞更深的重力位能井。因此，自旋黑洞比起不自旋黑洞，是更強大的能源，我們到第七章會回頭討論這一點。在此先針對這種現象作個小結：史瓦西黑洞的事件視界僅僅取決於質量，克爾黑洞的事件視界則取決於質量與自旋。

一個值得思考的問題：即使只在理論層面，是否存在不被包圍在事件視界中的時空奇點，也就是所謂的「裸奇點」（naked singularity）？根據定義，黑洞的愛因斯坦場方程式解都有事件視界，而且就如第一章所說，光無法從事件視界之內逃逸出去，訊息當然也跑不掉。一般認為，所有黑洞的奇點都包圍於事件視界之內，不會是「裸」的，因此，我們無法從宇宙其他地方得到關於奇點的直接訊息。英國牛津大學數學物理家羅傑・彭羅斯（Roger Penrose）提出宇宙監督假說（cosmic censorship conjecture），認為凡是由一般初始條件形成的時空奇點，都會隱藏在事件視界之內，所以太空中沒有任何裸奇點。

自旋最快可以有多快

黑洞的角動量大小有其極限，這個極限取決於黑洞的質量，所以質量大的黑洞自旋速度會比質量小的黑洞更快。當黑洞以接近角動量上限的速度自轉，就稱為極端克爾黑洞。我們可以用一個例子來說明：如果你朝黑洞內部發射快速旋轉的物質（也就是幫黑洞「攪拌」一下），嘗試藉由加速自旋來製造極端克爾黑洞，就會發現黑洞的離心力最後會大到阻止其他物質進入事件視界。

離自旋黑洞的事件視界外圍更遠一點還有一個重要的數學曲面，稱為靜止極限（static limit）。慣性參考系拖曳的意思是，當大質量天體的自旋速率不為零，靜止極限之內就沒有任何靜止不動的觀察者；換句話說，任何物理上可實現的參考系，只要位於靜止極限之內，就一定會旋轉。在靜止極限之內，空間自旋的速度很快，所以光本身也必須跟著黑洞一起旋轉，亦即不可能靜止不動。

靜止極限與事件視界之間的區域，就是所謂的動圈（ergosphere），令人困惑的是，動圈並非球狀，如圖10所示（編案：sphere的意思為球面）。動圈在赤道方向比在事件視界大得多，但動圈在極點方向的半徑與事件視界的半徑相同，因此，動圈的形狀呈扁球體，很像澳洲加拉代爾（Jarrahdale）產的南瓜，只是少了瓜梗。不過，動圈的英文字首ergo-來自希臘文名詞*érgon*，詞意與「工作」、「能量」有關，像是英文ergonommics的意思就是「人體工學」，而舊時的能量單位「耳格」（erg），也是源於這個名詞。

此外還有一件事很妙，除了*érgon*，還有一個希臘文動詞*ergo*，意指「包圍」、「遠離」，恰恰符合動圈的特性。當初彭羅斯與希臘物理學家第米特律奧斯．克里斯托多羅（Demetrios Christodoulou）發明並推廣「動圈」一詞，來描述這個環繞著自旋黑洞的區域，大概早就想到這一層希臘文淵源了。動圈之所以重要，是因為在這個區域之內可以提取黑洞的能量。

動圈內部的空間自旋，也會帶動空間中的物質粒子快速轉動，空間的旋轉於是會積存大量的能量，我們到第八章會回頭

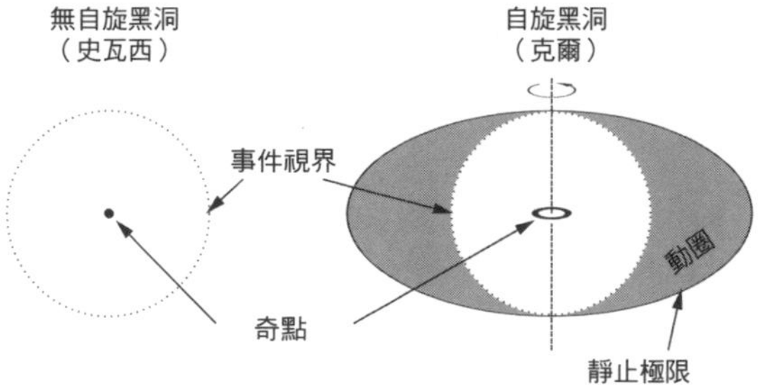

圖 10　包圍史瓦西黑洞（靜止黑洞）的膜，不同於包圍克爾黑洞（自旋黑洞）的膜，圖中以常用的博耶—林奎斯特座標（Boyer–Lindquist coordinate）表示。

討論這個重要觀念。

白洞與蟲洞

愛因斯坦的廣義相對論方程式包羅層面特別廣泛，允許用多個不同解來描述各種彎曲時空，帶給宇宙學家幾乎源源不絕的靈感，可以描述並思考其他可能的宇宙。我們實際上居住在哪一種宇宙，只能靠觀察來判斷（前提是觀察得到！），但數學物理學家並不因此卻步，依舊興致勃勃地摸索著愛因斯坦的方程式，想找出每一種有趣的解。

在數學物理學家奔放的想像中，有一種奇妙的天體稱作白洞（white hole）。白洞的行為就如同黑洞，只是時間的方向逆轉了（試想倒帶的電影畫面）。白洞不會吸入物質，而會吐出物質；白洞的事件視界標誌的不是你無法逃脫的區域，而是誰也無法進入的空間。物質一旦出了白洞就再也不能回去，其未來完全落在白洞之外。

我們到第六章會看到，黑洞由塌縮星形成以後，最終一定會遵循量子力學定律蒸發，變成霍金輻射（詳見第五章）。另一方面，白洞只能源自因某種原因自發聚集成的黑洞的輻射。了解這實際上怎麼會發生並不容易，而且物理學家道格拉斯．爾德利（Douglas Eardley）已經證明，白洞本來就不穩定。

一九三〇年代，愛因斯坦和他的學生納森．羅森（Nathan Rosen）發現一個有趣的解。如果能大幅彎曲某個時空區域，就有可能將這個區域對摺成兩部分，讓原先相隔遙遠的兩個時空互相靠近，近到足以用一條小橋（或者說蟲洞）連接起來，如圖11所示。

恆星或星系間相距遙遠，對於想把人間劇場搬上宇宙舞台的作家來說，不免綁手綁腳，因此，蟲洞（wormhole，又稱為愛因斯坦—羅森橋）堪稱完美的情節裝置，方便作家把筆下的英雄或惡棍送到不同地方。這項數學發明是長途時空旅行的現成通道，也為種種天馬行空的情節設定提供理論支持，替科幻作家省了不少麻煩。

不過在此要重申，目前沒有任何觀測證據說我們的宇宙真的有蟲洞，而且有大量理論證據指出，蟲洞一旦形成，並不會維持穩定狀態太久。如果要讓蟲洞保持開放，可能需要大量負能量物質，但是一般物質都有正能量，這與重力通常是一種吸引力有關。當一般物質通過蟲洞，可能就足以破壞穩定並摧毀蟲洞，導致蟲洞變成黑洞的奇點。

如果蟲洞確實存在，而且在任一段夠長

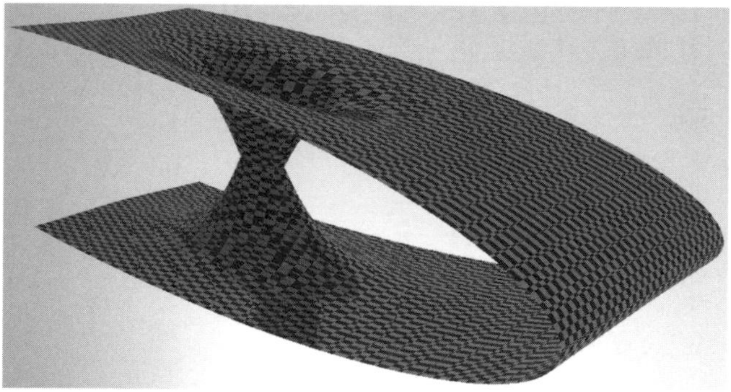

圖 11　蟲洞將本來分離的兩個時空區域連接起來。

的時間內能維持穩定，就會具備一些令人驚奇的特性。蟲洞是巨大的捷徑，時空旅人不但能沿著蟲洞穿越廣袤的空間，還能回到過去。因此，我們可以畫出封閉類時曲線，如圖12所示。類時曲線是時空中的環，光錐在這個環上會排成一個圈，而沿著封閉類時曲線行進的旅人，就會像電影《今天暫時停止》（*Groundhog Day*）的男主角，不斷重複經歷一模一樣的人生。

其實不只蟲洞，愛因斯坦場方程式還有一些解，也具備這種不太直觀又令人擔憂的特性。一九四九年，數學家庫

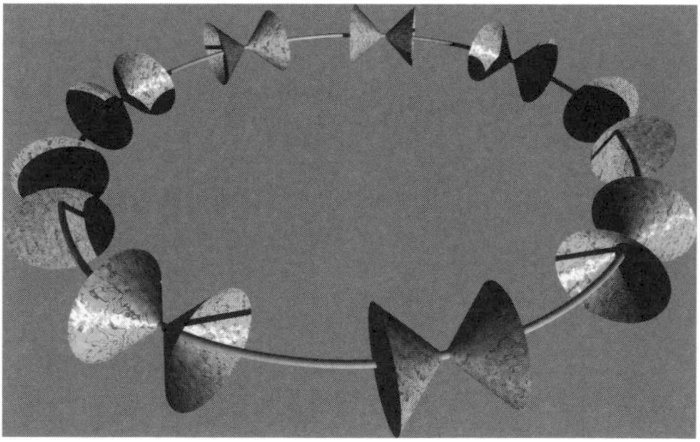

圖 12　在封閉類時環上，你的未來將變成你的過去。

爾特．哥德爾（Kurt Gödel）發現一個能描述自旋宇宙的解，這個解包含的封閉類時曲線與《今天暫時停止》中無止盡的循環如出一轍，都會反覆經過一模一樣的事件。（場方程式顯然沒有「自由意志」這回事！）克爾的解有一部分描述事件視界之外的時空，科學家認為在真實世界中，這部分才具有真正的物理意義，至於克爾的解描述事件視界之內時空的那部分雖然在數學上說得通，但在物理上是否適用卻還不清楚。

根據克爾的解對視界之內的描述，自旋黑洞的奇點不同於無自旋黑洞，不是一個點，而是一個快速旋轉的環圈（這方面的物理根據大多只是推測）。這個環狀奇點被封閉類時曲線所包圍，在這麼一條曲線上，你的未來也在你的過去之內，所以理論上你有可能在父母誕生之前就先把你的祖父母殺了！有了封閉類時曲線，各種關於時間旅行的悖論就有可能為真。

有個方法或許能解決這個難題，就是承認我們還沒有任何理論，能結合量子力學（描述微觀事物）與廣義相對論（描述宏觀事物），換句話說，目前還沒有量子重力理論。面對質量極大但體積極小的物質，我們還不了解其物理作用。多數物理學家認為，我們需要量子重力學，才能澈底了解非常靠近奇點的時空有何行為。因此，愛因斯坦場方程這些奇怪的解可能實際上不存在於宇宙中，因為它們被基本量子力學特性所限制。舉例來說，量子效應可能會導致蟲洞不穩定，而史蒂芬．霍金（Stephen Hawking）也贊成這個觀點，並將這個原理稱為「時序保護猜想」（Chronology Protection Conjecture）。霍金幽默地說，正因背後還有這項原理，才保住了歷史學家眼中的宇宙。

旋轉黑洞內部的奧祕，不斷挑戰我們對基礎物理學的認識，以致相關描述大多只能以推測為主。相對地，黑洞的旋轉行為及對周圍環境的影響，能幫助我們理解望遠鏡觀察到的東西，具有很大的實質意義。因此，我們接著就要更仔細思考，物質掉進黑洞後會面臨什麼情況。

第四章

掉進黑洞

怎樣算是太靠近？

當你或你的東西不幸掉進黑洞，會發生什麼事？在仔細思考這個問題之前，務必要先了解觀察者本身的觀察角度（或者說參考系）產生的影響。不同的觀察者所見事物大不相同，面對一個落入黑洞的物體，你究竟處於哪一種觀察角度，就取決於你和那個物體相距有多遠，當然也要考慮你是否就是那個物體！

想像有一個光的粒子，正位於黑洞的事件視界之外。既然這個光子在視界之外，原則上就還可以逃逸，如果是在視界之內，命運就不一樣了——這個光子將無法逃離黑洞的重力場。然而，即使是在事件視界之外，正在逃離黑洞的光子也不可能毫髮無傷離開，因為這個光子要對抗重力，勢必會損失一些能量，這就是典型的重力位能井。正如你需要能量才能把自己從一口深井裡拉出來，光子也必須消耗能量才能讓自己從大質量天體周圍區域逃離。就連在地球重力中移動的光子身上，也能測量到這種效應。

光子的能量與波長成反比，高能量光子的波長較短，低能量光子的波長較長。光子遠離黑洞的過程中會損失能量，所以波長會逐漸增加，光的顏色也因而改變，從原本短波長的藍光，轉變為光譜上另一端長波長的紅光，即所謂的紅移（redshift）。在黑洞之類的大質量天體作用下，時空本身被拉長或彎曲，就會出現重力紅移（gravitational redshift）的現象。值得注意的是，雖然米歇爾對暗星的見解獨到，意義非凡，但他說光在爬出位能井時速度會下降並不正確。現在我們知道，在大質量恆星作用下，受到影響的其實是光的波長（所以改變了光的頻率）。

接近黑洞時，時間會有什麼變化？

在第一章及第二章，我解釋過時空如何受到質量（也就是本身會產生重力場的物質）作用而扭曲，這意味著在黑洞附近時不只空間，連時間也會受到影響。

想像一下，現在你想跟一個史瓦西黑洞保持安全距離，但又想知道這個黑洞附近的時間如何運作，於是，你派二十六位觀察者到黑洞的事件視界外緣，雖然離黑洞很近，卻絕對安全。這二十六位觀察者排成一直線，按照距離分別標示為A到Z，A離事件視界最近，Z則最遠最安全，最靠近你。A到Z每一位觀察者都有一個功能正常的時鐘，可以測量他們所在位置的地方時（local time）。此外，你為了說服大家參加實驗，事先給每一位觀察者一個小禮物，那是另一個經過調整的特殊時鐘，上面顯示的時間和你所在的安全位置使用的時鐘相同。

離你最近的觀察者Z，會發現他手上兩個時鐘顯示的時間略有不同，測量地方時（天文學上又稱為「原時」〔proper time〕）的那個時鐘，會比你額外贈送的時鐘慢一點，亦即比你在更遠更安全的位置測量到的時間慢一點。核對觀察者Z到A的測量結果，會發現一種奇妙的現象：與特殊時鐘顯示的遠處的時間相比，離黑洞越近，測地方時的時鐘就「跑得越慢」。愛因斯坦在廣義相對論中描述這種效應為時間膨脹（time dilation）。時間膨脹效應，會隨著觀察者與黑洞的距離縮短而逐漸增強，所以在這個例子中，觀察者A受到的影響最大。對照離黑洞較遠的另一個時鐘，觀察者越接近黑洞，手中測量本地時的時鐘就跑得越慢（原子鐘、生化鐘，什麼鐘都一樣）。

假設你同時找來另一組共二十六人，進行另一項實驗。你安排這組觀察者以同樣方式，在第二個黑洞附近排成一直線，只不過第二個黑洞的質量是第一個黑洞的兩倍，而你額外贈送的特殊時鐘，一樣要經過澈底改造，但相較於黑洞質量減半的第一組實驗，第二組每一個特殊時鐘調整後的速率，與第一組相應位置（即兩組觀察者與黑洞中心的距離，由遠到近，各自相等）的每一個特殊時鐘兩兩對照，都會剛好變成兩倍。由此可見，時間膨脹效應隨著黑洞質量增加而增強，並隨著觀察者接近事件視界而趨向極端。

別以為是因為離黑洞較近（亦即，離你這個保持安全距離的觀察者較遠）的時鐘多了一點光行時間，才導致時間膨脹；離黑洞較遠的觀察者經歷的時間偏移（time offset），不光是這一種而已。時鐘離黑洞越近，測量到的時間流逝速率就越慢，不管你測量時間的方法多有公信力都一樣，因為時間本身拉長了，甚至膨脹了。

黑洞附近的時間膨脹效應會導致什麼結果？如果一位觀察者離黑洞非常近，另一位離黑洞非常遠，那麼在這兩個參考系分別測量到的現象就會非常不一樣，甚至可說是天差地別。

我們這就來想一想，萬一第一個實驗的觀察者A開始恍神，鬆開了手中測量本地時的時鐘，導致時鐘朝黑洞墜落，這時會發生什麼事？雖然觀察者A出包了，但你為了哄他加入實驗而送的特殊時鐘，他還牢牢握在手中。你和A都看得到本地時鐘正朝著黑洞移動，而時鐘也會發現自己朝黑洞移動的速度越來越快。漸漸地，你和A會發覺，急速墜落的本地時鐘顯示的時間，對比A還握在手上的特殊時鐘（即經過調整後跑得比本地時鐘更快的另一個時鐘，顯示時間與你所在位置的時間一致），差異會越來越大。過一會兒，你和A都會開始注意到，墜落的時鐘顯示的時間停止了。從事件視界射向遠方觀察者的光子，看起來就好像無限期停留原地；不論朝黑洞掉落的是什麼東西，一旦它進入事件視界的臨界半徑，視界之外的觀察者就無從得知接下來會怎樣。因此，我們可以將事件視界視為時空中的洞。正如第一章所言，光無法從事件視界中逃脫，所以事件視界呈黑色。然而，對於一路墜落直至穿越事件視界的時鐘而言，其參考系內的活動未曾停止運作。假設這個黑洞的質量是太陽的十倍，那麼從時鐘的角度看，只要萬分之一秒就能抵達奇點。萬一時鐘倒楣一點，掉進一個質量為太陽十億倍的超大質量黑洞（第八章討論類星體時，就會遇到這種黑洞），那麼時鐘在黑洞內部，就可以悠悠哉哉花上好幾小時，從更寬廣的事件視界行進到奇點。

黑洞周圍的潮汐力

假設觀察者A一時感到脆弱，考慮頭上腳下跳進黑洞，想跟那個他失手掉進黑洞的時鐘團聚，那會發生什麼事？要是他一躍而下，可就真的鑄成大錯了，因為跳進黑洞的存活率為零。大質量天體的重力場是一種平方反比例場，所以這時候A的腳與頭之間的重力差會變得極大，這是平方反比例場的特色。

月球離地球相當遠，但月球在地球兩側造成的重力差（即潮汐力）雖然微小，卻是我們一天有兩次潮起潮落的根本原因。這種不同位置間的重力差造成的作用力，通常就稱為潮汐力。此外還有一些次要因素，像是月球與地球的相對位置變化，以及大陸地塊形狀的細微差異，也會影響潮水漲退。不過，即使地表沒有陸地，完全被海水覆蓋，一天內的海平面升降幅度仍會高達二十公分左右。這純粹是地球上不同地點與太陽的距離不同，彼此間存在重力差的緣故。

接著，我們來想想我和地球中心之間這段更短的距離。我坐在書房的電腦前，正在打這一章，腳在地板上，頭的位置則比腳高出不只一公尺，可見比起我的頭，我的腳離地球中心更近。

首先，重力遵守平方反比定律，所以地球質量彷彿都集中在地球中心那一小塊區域；再者，我的腳比頭離地球中心更近一點，所以我的腳感受到的地球中心作用力（或者說拉力）會更強。可是實際上，我的頭和腳之間的重力差相當小：一公尺的高度差所導致的重力差，只有千萬分之三，較諸我與地球中心的距離六千四百公里，這個數值實在微乎其微。然而，若是更接近黑洞之類的質點，在黑洞方向上僅僅一公尺的高度差，就足以在兩點之間產生極大的重力差。由於接近奇點的重力差會非常大，觀察者A的雙腿會被扯離膝蓋，肌腱與肌肉也維繫不住身體其餘部分，於是，整個人會被拉扯得像細細長長的義大利麵……總之，還是別跳的好。

動態時空

黑洞的旋轉，左右著繞行黑洞的物質與黑洞之間的距離，也牽涉到外界能從黑洞提取的能量大小。我們從克爾的研究及他為場方程式提出的解已知，一個粒子要繞行黑洞又不至於掉進黑洞，其最小軌道長度就取決於黑洞自旋的速度。黑洞自旋的速度越快，物質不被黑洞吞噬又能靠近黑洞的距離就越短，如圖13所示。

當你讓一個物體朝自旋黑洞自由落下，即使黑洞之外空無一物，只有遼敻的時空，這個物體仍然會開始繞著黑洞運行。如果是在動圈之外，還有可能靠火箭克服參考系拖曳，一旦進入動圈就沒救了。在動圈與事件視界之間的區域，任何東西都無法保持靜止不動，自旋黑洞會拖曳時空，連帶也會拖曳時空中的物質一起旋轉。關於參考系拖曳的另一個效應是，

圖 13　比起無自旋黑洞，自旋黑洞周圍繞行的氣體可以靠得比較近。

© M. Weiss/CXC/NASA

即使光正朝著黑洞旋轉的反方向行進，它也將被帶動以相同的方向繞行黑洞。

沿著軌道繞行黑洞

如果我們的太陽現在突然變成一個黑洞，會發生哪些事情？深入想一想這個問題很有意思。起初大概要過八分鐘，我們才會察覺大事不妙了，屆時伴著我寫作的這方春日的明媚陽光，將在一瞬間消失無蹤。相較於第八章探討的類星體與微類星體，我們稱作太陽的這個單一恆星，光度微乎其微，但太陽離地球夠近，所以平均能提供每平方公尺一千瓦能量給地球。值得注意的是，這些能量已經足以供給地球所有生物生存所需。植物吸收陽光生長，成為草食動物的食物，而草食動物又成為肉食動物的食物。太陽是這一切活動的動力來源，萬一太陽內部的核融合停止，意外塌縮成黑洞，地球就會陷入一片黑暗，萬物也會同歸於盡。（好像很悲觀，但我鼓勵各位讀者堅持讀到第七章，就會知道太陽重量太輕，不是能形成黑洞的那種恆星。）

但從動力學的角度來看，如果討論範圍僅限於地球，還有構成整個太陽系的其他行星、矮行星、小行星，那就沒有任何改變，所有繞行太陽的大質量天體，大致上都會沿著原來的軌道繼續運行。重力運作的原理是，不論太陽的體積是跟現在一模一樣，或是塌縮成一個史瓦西半徑為三公里的奇點，太陽之外的重力拉力都仍維持不變。重力引發球狀塌縮以致形成黑洞的過程，完全不會改變軌道天體的角動量。因此，即使少了陽光，太陽系內部的規律、演進抑或潮汐，依舊會照常運作。

話雖如此，但黑洞版太陽不再有太陽電漿作用，所以比起以前，在更貼近太陽的地方，還是可能出現一些新軌道。不過這些新軌道沒辦法太靠近事件視界，質量奇點引發時空變形後，產生一些細部特性，所以物質不可能接近事件視界外緣繞行。如果要在視界外緣形成圓軌道，就必須藉助火箭的校正行動才能維持。其實在數學上已經證明，我們或任何有質量的粒子沿著穩定圓軌道繞行靜止黑洞，所能接近黑洞的最短距離是史瓦西半徑的三倍。別說我沒警告你唷！

其實，離靜止黑洞大約史瓦西半徑的一．五倍處，還是有可能形成圓軌道，只是並不穩定。這段距離所定義的球面，有時稱作光子球層（photon sphere）。即使是對光子而言，這樣的軌道仍然不穩定，過不了多久，軌道上的光子要麼朝內打轉進入黑洞，再也回不來，就是朝外遠離黑洞，奔向太空。

無自旋（靜止）的史瓦西黑洞只有一個光子球層，但如果是自旋的克爾黑洞，外環軌道的情況就不一樣了，特別的是，會出現兩個光子球層。在最外環的球層，光子繞行方向與黑洞旋轉方向相反，我們會說這些光子是在逆行（retrograde）軌道上運轉。在內環的球層，光子繞行方向與黑洞旋轉方向相同，即位於順行（prograde）軌道上。如果克爾黑洞自旋得非常慢，簡直和史瓦西黑洞沒兩樣，這兩個球層的空間就會幾近重疊；如果克爾黑洞自旋得越來越快，這兩個球層的距離就會越拉越開。

除了兩個光子球層，旋轉黑洞更內層還有一個重要球面，我們在第三章討論過，稱作靜止極限。在這個球面上，任何東西相對於遙遠觀察者都無法保持靜止：在離旋轉黑洞這麼近的地方，不管你帶來的火箭動力多大，都不可能維持在靜止狀態，即使是逆行的光線，也會受到拖曳而往黑洞旋轉的方向行進。雖然只要有足夠的推進力，還是可能從這麼近的地方逃離旋轉黑洞，但任何東西在這裡要保持靜止不旋轉是不可能的。

越過靜止極限往自旋黑洞更內層去，就是另一個重要球面事件視界，最初我們是在第一章的史瓦西黑洞談到這一層單向膜。如同靜止的史瓦西黑洞，在克爾黑洞的事件視界之內，什麼也無法向外逃脫，一旦跨入這道界限就萬劫不復。

環繞克爾黑洞的軌道，通常不會侷限在某一個平面，除非軌道所在的平面包含赤道，也就是旋轉黑洞的鏡像對稱面，才會受限於這個單一平面。只要不是位於這個赤道面的軌道，就會在三維空間中移動，並且被約束在一定空間內，而這個空間的範圍就取決於軌道半徑的最大值與最小值，以及軌道與赤道面形成的最大夾角。

粒子遇上黑洞時能靠得多近，除了明顯受到黑洞自旋的細部差異影響，也取決於粒子相對於黑洞自旋的行進方向。當黑洞達到最大自旋速度，光線的順行軌道所在的光子球層半徑，是史瓦西半徑的二分之一；逆行軌道所在的光子球層半徑，是史瓦西半徑的兩倍。此時對於順行軌道上的質粒而言，最接近黑洞的穩定圓軌道半徑，會是史瓦西半徑的二分之一；但對於逆行軌道上的質粒而言，太短的距離並不穩定，所以最接近黑洞的穩定圓軌道半徑，會增至史瓦西半徑的四・五倍。

因此，比起無自旋黑洞，自旋黑洞讓順行軌道上運動的粒能子更靠近黑洞，又不至於碰到事件視界上的不歸點。我們到第七章會繼續探討，物質掉進黑洞前能沿著多近的軌道繞行，而黑洞吸收物質後又能轉換成多大的能量。

第五章

黑洞的熵與熱力學

人如其食

常言道，人如其食，成天吃垃圾食物和巧克力的人，相較於只吃健康沙拉、地中海飲食的人，氣色一定有差，身心狀態當然也不一樣。黑洞看起來不太挑食，吸進肚子的不管是廣闊的星際塵埃，還是滿滿一立方光年的煎蛋，黑洞的質量都會勢如破竹地上升。而且，黑洞吃完豪華大餐後，我們無法知道它吃了些什麼，只能判斷它吃了多少，除非吃掉的東西帶有電荷或角動量，那就另當別論。我們只能看出黑洞食物的量，無從得知黑洞食物的質。根據第二章的「黑洞無髮定理」（no-hair theorem），要描述黑洞的特徵，就只能用質量、電荷、角動量這幾種參數，所以我們無法探討黑洞的成分。

不了解黑洞吸入物的性質好像沒什麼大不了，但其實後果不容忽視。黑洞的菜單根本是個謎，物質一旦掉進黑洞就抹殺了自身的特性，我們無法測量，也無從觀察。

黑洞與引擎

對於那些讀過熱力學這門迷人學科的人來說，以下情況再熟悉不過了——學熱力學的人幾乎都知道，訊息在物理過程中會漸漸損失或散逸。熱力學的歷史豐富悠久，起源於工業革命，當時的人致力於提升蒸汽引擎的效率，也為這門近代理論奠定基礎。

熱力學上定義的「能量」（energy）一定守恆，而且可以轉換成不同形式，這就是熱力學第一定律。雖說不同形式的能量可以互相轉換，還是有一些情況例外。例如，機械功可以完全轉換成熱（如：拉煞車把車停住），熱卻無法完全轉換成機械功。我們使用蒸汽引擎，就是想把熱轉換成機械功，偏偏火車的蒸汽引擎只能把爐膛裡的熱，部分轉換成驅動車輪的機械功。後來我們才發現，熱是一種能量形式，與原子的隨機運動有關，而機械功則與車輪、活塞等較大物質的協調運動有關。由此可見，熱有一項關鍵性質，就是「隨機」：熱體中的原子快速微動，因而難以追蹤個別原子的運動。如果要將隨機運動變得不隨機，就一定要額外做功，這種隨機性就是物理學上所謂的「熵」（entropy）。任何孤立系統的熵一定不會減少，在任何物理過程中若非不變，就是增加，這就是熱力學第二定律。因此換個角度看，我們也可以說，因為無法追蹤大型系統中所有原子的運動，所以我們能獲知的關於世界的訊息一定會不斷減少。當能量從巨觀規模轉移到微觀規模，從一般活塞的運動轉變為無數原子的隨機運動，對我們而言一定會有訊息丟失。有了熱力學，我們就能將這個模糊的觀念澈底量化，將物質掉進黑洞的情況類比為訊息丟失的現象。

雖然最初是為了改良蒸汽機而發展出熱力學，但宇宙中各種物理過程，其實都可以應用熱力學原理。羅傑·彭羅斯（Roger Penrose）是率先從熱力學角度思索黑洞的學家之一，他指出黑洞既然會自旋，就有可能從中提取能量，然後當作某種引擎來運用。他接著提出一個巧妙的想法，認為物質被拋向自旋黑洞後，其中一部分會帶著比進入黑洞前更多的能量出來，而我們就可以在事件視界外緣（確切而言是第三章說過的動圈）提取能量。這個想法即所謂的彭羅斯過程（Penrose's process），會降低黑洞自旋的速度。

雖然原則上能藉由彭羅斯過程大量提取黑洞能量，但說到底這只是思想實驗，實際上不太可能用來解決當前地球的能源危機。彭羅斯發表這項研究後數年之內，詹姆斯・巴丁（James Bardeen）、布蘭登・卡特與霍金就聯手邁向下一個里程碑，歸納出黑洞動力學三大定律，也為日後霍金琢磨黑洞熱力學奠定基礎。黑洞熱力學有一個很重要的觀念，就是黑洞的溫度取決於質量與自旋。

黑洞與熵

彭羅斯獨到的見解饒富意義，鼓舞其他學家進一步思考黑洞熱力學。他和數學家弗羅伊德（R. M. Floyd）合作，證明在他設想的過程中，黑洞事件視界的面積往往會增加。後來霍金著手研究彭羅斯過程，雖然事件視界面積須視黑洞的質量、自旋、電荷而定，相當複雜，但他成功證明，不論經歷什麼物理過程，視界面積（area）一定會增加，或者維持原狀。從這項奇妙的結論可以推斷，一旦兩個黑洞結合之後新生成的視界面積，一定會大於之前兩個視界面積個別相加。（因為事件視界的半徑與質量成正比，且大家都知道表面積又取決於半徑，所以直觀上這沒什麼問題。）這種行為與熱力學上的熵別無二致，於是開始有人猜想，黑洞的熵和面積會不會有某種關聯？會不會黑洞行為與熱力學之間，不僅僅是一種巧妙的類比關係？惠勒的學生雅各布．貝肯斯坦（Jacob Bekenstein）深究這個問題，於博士論文中指出兩者的直接關係。他借用熱力學訊息理論的觀念，主張黑洞的視界面積與熵成正比。他認為，先將事件視界面積除以普朗克面積（Planck area，基本物理常數，約為 10^{-7} 平方公尺），再乘以某個係數，就能得出黑洞的熵。此外由於選用這個單位，導致黑洞的熵算起來超級大。

一開始，霍金並不相信貝肯斯坦提出的結果，但深入研究後，霍金不但驗證這項結果，還加深我們對黑洞熱力學的認識。或許等我們了解整個分析過程，會更明白這種分析方法的優點與限制。其實這個領域理想的研究方法，是結合量子力學與廣義相對論，也就是量子重力學，以利研究宏觀重力作用下的微觀系統，像是黑洞的奇點，只可惜目前還沒發展出適用的量子重力理論。不過，利用廣義相對論來描述時空彎曲的現象，並藉由量子力學了解彎曲時空中的粒子行為，也不失為一個好方法。當時霍金鑽研黑洞熱力學，走的正是這條路。

太空真的空空如也嗎？

真空是「空無一物」的區域，這個概念的歷史悠長曲折，多數古希臘哲學家都不喜歡這個想法，理由在今天看來十分難以理解，不過，還是有一小群原子論者在描述世界時提及真空。正因如此，科學復興以前，真空的觀念一直都乏人問律，直到一六五〇年發明氣泵以後，才終於能透過實驗證明真空存在。

以現代標準而言，十七世紀的氣泵把氣體從容器打出去後，只能製造出差強人意的真空，不過「空無一物」的概念倒是變得可信多了。二十世紀初，隨著科學家提出原子存在的鐵證，「空間中某一區域沒有原子」的觀念非但變得毋庸置疑，也勢在必行。

原子的存在一經證實，隨即出現新的物理學理論「量子力學」，並導出一項驚人的發現：有時候，能量在極短時間內似乎不必守恆。根據熱力學第一定律，任何時候在任何地方，能量增減都必須嚴格遵守收支平衡，我們彷彿聽見宇宙大會計師在怒吼：「能量必須守恆！」雖然這項物理學原理在熱力學上佔首要地位，看似牢不可破，但實際上宇宙的會計法則似乎寬鬆得多，信用貸款也行，只要未來能及早償還，要短暫借用能量也完全沒問題。

能量借貸額度取決於借期長短，並且以海森堡測不準原理（Heisenberg

Uncertainty Principle）來描述。舉例來說，即使在理應空無一物的真空中，也有可能借用足夠的能量，創造出成對的粒子與反粒子。這兩個「物」轉眼間生成，旋即又相互湮滅，因而能在最大時限內償還能量（借用的能量越多，最大時限就越短）。像這樣的物理過程隨時隨地都存在，而且測量得到！現在我們知道，真空才不是空空如也，反而充滿瞬間相生相滅的虛粒子對。真空生機勃勃，一點也不空，到處都是量子活動。

黑洞蒸發與霍金輻射

霍金運用近代真空理論，也就是量子場論，來研究黑洞事件視界附近的真空會有何行為。雖然霍金的分析採用數學方法，我們還是可以簡單想像一下。最基本的觀念是，「虛」粒子對（電荷相反、質量相等的粒子與反粒子）在視界附近生成後可能會被拆散。如果這對粒子其中一個掉進事件視界，那麼不管它是粒子或反粒子，都會驟然往奇點方向墜落，再也回不來，而它的夥伴可能還留在黑洞之外。雖然黑洞之外的粒子失去夥伴，卻搖身變成一個實粒子，仍有可能逃離黑洞。如果這個粒子沒掉下去，成功逃逸，就會形成一部分霍金輻射（Hawking radiation），此時對遙遠觀察者而言，既然黑洞釋出一個粒子，也就喪失一點質量。由此可見，把量子場論列入考量後，黑洞會放出粒子，不完全是黑色。而且，這個觀點也適用於光子，如果霍金的推論正確，就表示黑洞會發出非常微弱的光，亦即所謂的電磁輻射。

凡是非零點溫度的物體，都會以光子形式發出熱輻射，就連人也會。正因如此，即使在一片黑暗中，紅外線攝影機仍能捕捉到你的身影。物體溫度越高，輻射頻率越高。雖然我們會發出紅外線輻射，但要像燒得火紅的火鉗那麼熱，才能發出可見光。

黑洞會發出霍金輻射，所以一如先前所言，黑洞也具有溫度，就稱作「霍金溫度」，只是霍金溫度通常非常低。如果一個黑洞的質量是太陽的一百倍，其霍金溫度就只比絕對零度高一點點，只有不到十億分之一度。（絕對零度比水的冰點還要低攝氏兩百七十三度！）霍金輻射弱得不得了，也是我們遲遲無法偵測到的一個原因，但我們相信這種現象確實存在。

另一方面，在黑洞的演化過程中，霍金輻射引發的結果也很有意思——霍金輻射是黑洞消亡的罪魁禍首。現在，讓我們回頭想想虛粒子對，當中逃離黑洞的那個實粒子的能量必須為正，但因為原本的虛粒子對是在真空中自然生成，所以被吸進黑洞的那個虛粒子，一定具有與實粒子互補的負能量。而且因為能量與質量有關，所以這個過程的淨效應就是黑洞增加了負質量，換句話說，黑洞發出霍金輻射，最終會導致本身質量減少。

因此，霍金發現一種可能導致黑洞蒸發的機制。隨著時間過去，黑洞會慢慢釋放輻射，並因而損失質量。起初，這個過程極其緩慢。原來黑洞越大，表面重力反而越小，原因在於雖然表面重力大小取決於質量（黑洞越大，質量越大），但重力拉力依然遵守平方反比定律，而質量越大的黑洞，體積就越大。綜觀全面的結果，巨大黑洞的表面重力很小，溫度也因而比較低（黑洞的溫度與表面重力成正比）。因此，大黑洞比小黑洞發出更少的霍金輻射。

隨著黑洞慢慢蒸發並損失質量，導致表面重力與溫度升高，霍金輻射的量反而會增加。同時，假設黑洞並未吸收任何能量，質量損失的速率就會越來越快，直至黑洞壽終正寢，不復存在。因此，黑洞消亡時不會發出砰然巨響，而是「啵」地一聲輕輕消失。唯有溫度比周圍環境高的黑洞，才有可能發生這種蒸發過程。

我們測量宇宙微波背景輻射的頻譜形狀，得知在漫長的宇宙歷史上，目前這個時期的宇宙溫度比絕對零度高攝氏二・七度。因此，質量大於一百兆公斤的黑洞，在目前這個時期溫度都比周圍環境低，所以不會蒸發。不過宇宙進一步膨脹後，隨著溫度冷卻下來，這些質量遠不及太陽那麼大的黑洞就會開始蒸發。一旦宇宙歷史邁入這個階段，凡是質量小於一兆公斤的黑洞，此時都已經蒸發殆盡了。

黑洞訊息悖論

這一整個過程衍生出的一個問題是，物質掉進黑洞後，原本儲存在物質中的訊息會怎麼樣？有一派觀點認為，即使黑洞後來蒸發了，這個訊息也已經永遠丟失。另一派則主張訊息不會丟失，正因黑洞會蒸發，一開始掉進黑洞的物質中蘊含的訊息，一定會以某種形式儲存在黑洞輻射中。因此，如果能分析某個黑洞全部的霍金輻射並了解透徹，就能重建原本掉進黑洞的所有物質的細節。

關於這項爭論，天文物理學界有一場著名的賭局，一方以霍金與基普．索恩（Kip Thorne）為代表，另一方則以約翰．普雷斯基爾（John Preskill）為代表。索恩和霍金認為訊息會永遠丟失，普雷斯基爾則反對這種觀點，雙方協議，輸的一方要送一套贏家指定的百科全書。到了二〇〇四年，充分的證據終於說服霍金，他開始相信訊息的確能編碼在黑洞輻射中，於是願賭服輸，送了一套棒球大百科給普雷斯基爾（呃，這本書的內容稱得上是大百科嗎？就看你有多懂棒球囉……），不過這項爭論仍舊存在。

儘管有這些巧妙的理論推演，也別忘了，我們連普通的霍金輻射都還沒觀察到。在物理史上，早已留下無數推論精彩卻證明為誤的古董理論，實驗與觀測往往能帶來意想不到的結果，跌破大家眼鏡。我們至今尚未觀測到微弱的霍金輻射，一個原因是，許多已知黑洞位於宇宙中亮度極高的天體中心，這一黑洞的質量超級大，也因此溫度非常低，無法藉由霍金輻射蒸發。雖然這種天體亮度極高，但原因跟一般恆星可完全不一樣，我們會在第六章與第八章進一步討論。

第六章

如何測量黑洞的重量？

太陽、繞行太陽的行星，再加上矮行星（銀河系最著名的矮行星是冥王星）、小行星、彗星等等，共同組成了太陽系。太陽系本身在銀盤（Galactic disc）沿圓軌道，繞行位於銀心（Galactic Centre，即銀河系中心）的質心，速度約為每秒七公里，而完整繞行銀心一圈需要數億年。

除了這個軌道運動，整個太陽系也在垂直銀河系平面（Galactic plane）的方向上，於恢復力作用下進行簡諧運動。這股恢復力來自組成銀盤的恆星與氣體的重力，不斷將太陽系拉回在銀河系平面上的平衡位置。目前我們在這個平衡點上方，距離差不多是四十五光年，從現在算起大約兩千一百萬年後，太陽系將抵達銀河系平面上方相距三百二十光年的極值點；在此之後再過四千三百萬年，又會回到銀河系的中平面。一旦太陽系回到銀河系平面中央，銀河系平面上疾馳的宇宙射線對地球的影響，就會達到最大曝露值。此時地球不得不沿著磁力線運動，同時又旋繞著磁力線行進，看起來就像輕軌與迴旋溜滑梯的混合體。有人猜想，或許正是因為太陽行經銀河系平面的緣故，才造成恐龍大滅絕，但這種臆測很難證實，也很難反駁，畢竟人類觀察者的壽命很少超過一百年，面對這種橫亙宏大時間尺度的軌道運動，自然莫可奈何。觀測天文學很常碰上同樣的問題，精確詳實的天文觀測方法問世不過數百年，但觀測對象的變化過程往往歷時更久遠，也就沒有足夠的研究資料。

話雖如此，銀河系還是有比較容易測量的軌道運動，起碼這種軌道運動的時間尺度，跟人類的注意力廣度與天文望遠鏡比較匹配，也就簡單得多。以黑洞的情況而言，值得一提的是最接近銀河系中心地帶的恆星軌道運動，也就是天空中出現的人馬座A*。從南半球最容易觀測到的就是人馬座A*，朝這個方向看去，正是距離我們兩萬七千光年的銀心。人馬座A*是太空中一個恆星密布的區域，我們要想研究銀心，就不得不考慮隨之而來的兩個問題：第一，在銀心，恆星分布的空間密度相對較高；第二，銀心有大量的星際塵埃。

為了對付第一個問題，我們的測量儀器必須能做到高解析度成像，換句話說，必須能辨識更多細節，一如照相機的遠距鏡頭能比廣角鏡頭提供更精細的影像。單單換成更大的望遠鏡，並不足以解決這個問題，因為除非直接把望遠鏡裝在人造衛星上，否則觀測天體時一定要先透過地球大氣層。不過，目前開發出的各種技術已經能消解大氣擾動效應。

其中一項特別重要的技術，是自適應光學系統（adaptive optics）。這種技術能觀測亮星（在此稱作引導星）的擾動效應，並藉由調整望遠鏡主鏡的形狀來消除變化多端的擾動現象，進而修正各種大氣變化。如果在天空中找不到要觀測的亮星，還可以用強力準直雷射光束，激發地球大氣中的原子，達到大氣修正的效果。

第二個問題就比較麻煩了。銀心一帶布滿大量塵埃，導致我們難以辨識可見光，就像太陽的紫外線很難穿透不透明的遮陽帽。為了解決這個問題，我們只好放棄可見波長，改為觀測紅外波長。

如何測量銀心的黑洞質量

有兩方人馬特別提倡使用這種紅外觀測，分別以美國加州大學的安德烈婭·吉茲（Andrea Ghez）與德國的萊因赫·根策爾（Reinhard Genzel）為首。這兩個團隊都能針對銀心的天體質量，獨立提供極其清晰的測量資料。

圖14是吉茲團隊提供的數據資料，數年來，他們一次又一次深入觀測銀心，注意恆星在上次觀測後移動的情況。只要知道恆星的光譜型，就能知道恆星的質量。隨著各個恆星的軌道路徑一年比一年更清楚，吉茲團隊也開始運用克卜勒定律（這項定律也主宰著太陽周圍的行星運動）的動力方程式，一一求得每個軌道的獨立解，接著推算出所有軌道共同中心的質量——也就是「暗區」的質量。這些獨立解有效測定暗區的質量，於是我們知道，暗區的質量是太陽的四百萬倍，位於一個半徑不超過六光年的範圍內。既然暗區是一片黑暗又有極大質量的天體，唯一可能的結論就是銀河系中心有一個巨無霸黑洞。

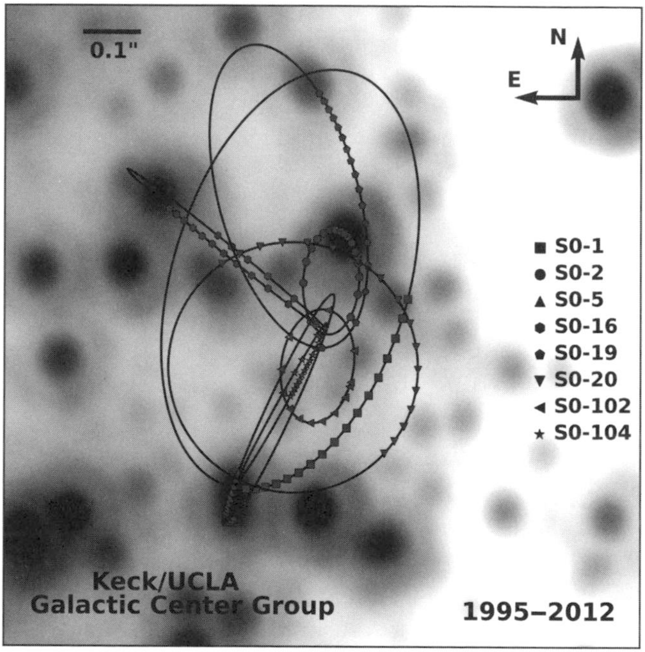

凱克望遠鏡／
加州大學洛杉磯分校銀河中心團隊

1995 年至 2012 年

圖 14 如圖，可以看出在銀河系中，恆星沿軌道繞行中央黑洞的連續位置。

如果說唯獨我們所處的銀河系的中心有黑洞，那實在沒道理，反倒是所有星系的中心很可能都有一個黑洞，至少質量比較大的星系應該有，因為英國杜倫大學（Durham University）的理論物理學家約翰・馬戈里安（John Magorrian）與他的同事，發現星系中心的黑洞質量與星系本身的質量，有一種顯然很重要的關係。然而，要測量出黑洞和星系的質量非常不容易，那些能巧妙測量出銀河系中心黑洞質量的技術無法應用於外太空其他星系上，它們實在太遙遠了。

位於橢圓星系核心的中央黑洞，質量通常超過太陽的一百萬倍，甚至可能大到超過太陽的十億倍，因此，我們將這種黑洞稱為超大質量黑洞（supermassive black hole）。

儘管測量黑洞質量與星系質量困難重重，我們已經發現，在許多不同星系中，中央黑洞的質量都與宿主星系的質量成正比。一般認為，這表示中央黑洞與星系本身，會隨著宇宙時間推進而一起成長、演化。

銀盤布滿黑洞

學者認為，星系除了核心地帶有一個大質量中央黑洞，還有數以百萬計的黑洞遍布其中，稱為恆星質量黑洞（stellar mass black hole），形成方式與吸積掉入物的中央黑洞截然不同。恆星質量黑洞原為閃閃發光的大質量恆星，內部還有核融合作用供應能量，幫助它們維持高溫高壓的狀態，更重要的是，也能幫助它們抵抗重力塌縮。一旦核燃料耗盡，就沒有能繼續支撐恆星的輻射壓，也就無法平衡內縮重力。

以一個質量近似太陽的恆星為例，重力導致恆星塌縮，最終形成一種緻密天體，稱作白矮星。在天文學上，緻密（compact）一詞有特殊涵義，表示這種物質密度極高，與普通物質有明顯差別。相較於普通物質，白矮星受到極度壓縮，所以是一種緻密的物質。同時，白矮星也是一種電離物質，這表示當中的電子都與其母核分離了。儘管物質通常只在高溫下電離，白矮星的溫度卻很低。電子基於海森堡測不準原理，會反抗被繼續壓縮到過於擁擠的區域，因而形成一股壓力，足以與頑強的內縮重力抗衡，在物理學上，這種作用稱為「電子簡併壓力」（electron degeneracy pressure）。如果這個耗盡燃料的塌縮星質量再大一點，其內縮重力就會更強，當中的電子與質子則會融合成中子，進而形成一種比白矮星更緻密的天體——中子星。

不過，如果我們好奇的是黑洞，就不能光是探討這種會變成白矮星或中子星的恆星，也必須思考質量大得多的恆星。像這樣質量龐大的恆星，在還有燃料維持核融合作用的狀態下，一定非常明亮；一旦燃料耗盡，這顆恆星就玩完了，亮光也會熄滅。因為這顆恆星質量夠大，所以強大的內縮重力會凌駕中子簡併壓力，導致恆星塌縮，最後必然形成一個黑洞。大質量恆星塌縮的過程中，常會出現壯觀的超新星殘骸爆炸，而前身恆星原本所在位置僅存的殘骸，就是黑洞。在這樣的爆炸過程中，也會合成許多元素，重量大於鐵的元素尤其多。

天鵝座 V404（V404 Cyg.）是第一個藉由測定雙星系統兩個恆星的質量而

確認存在的黑洞。豪爾赫・卡薩雷斯（Jorge Casares）、菲爾・查爾斯（Phil Charles）及他們的同事，仔細觀察這兩個恆星的軌道，並透過分析推斷這對雙星包含一個緻密天體，而且，這個緻密天體的質量至少有太陽的六倍大，所以肯定是黑洞。（後來發現這個黑洞的質量是太陽的十二倍。）

我們可以合理估計星系中恆星的數量與質量，並推算有多少大質量恆星形成於銀河系早期，且由於演化得夠久，在核融合作用下至今已經耗盡核燃料。有了這些資料，我們就能進一步估計銀河系有多少「恆星質量」黑洞。雖然銀河系中進一步形成黑洞的恆星比例很低，但整個銀河系有超過一千億個天體，所以我們還是會有很多黑洞。

星系中黑洞漫布，我們要怎麼測量這些黑洞的質量呢？其實，要研究某些恆星殘骸的黑洞，可以利用在動力學上類似研究銀心中央黑洞的技術。原因在於，銀河系中有不少恆星兩兩形成雙星系統，而其他星系大概也是如此。我們很容易推測出這是怎麼回事：重力是一種拉力，而且許多二體軌道都很穩定，所以兩個恆星一旦遇見彼此，開始被重力束縛在一起，就很可能維持這種穩定狀態。

如果已知某雙星系統中兩恆星間的距離，並測量出恆星繞著對方完整轉一圈的軌道周期，就能順利算出這兩個恆星的質量。如果在這個雙星系統中，是一個緻密天體繞行另一個具核融合作用的普通恆星，且已知恆星的光譜型乃至質量，就能輕鬆算出緻密天體的質量。另一方面，如果有個黑洞之類的緻密天體是孤立存在，不屬於雙星系統，就會因缺乏動力資料而無從推論它的質量，也就沒辦法判定它是黑洞。我們測量得到的最小黑洞，質量是太陽的好幾倍，但宇宙中質量最大的恆星質量黑洞，質量是太陽的一百倍以上。

現代科技已經能測量出黑洞的質量，但對人類的耐心與毅力依舊是一大考驗。之前說過，質量是黑洞實際上的兩大物理特性之一，有了黑洞質量研究，我們在描述黑洞特性的路上就成功一半了！儘管如此，測量黑洞自旋的難度很高，我會在第七章說明這是多麼浩大的工程。

第七章

吃得更多，長得更大

黑洞吃得有多快？

許多人以為，黑洞會把周圍環境的東西「全部吸進來」，但其實只有在事件視界附近才會出現這種現象，而且掉入物質的角動量還不能太大。在離黑洞比較遠的地方，黑洞的外部重力場與任何相同質量的球形物體相等，因此，粒子會遵循牛頓力學，一如繞行其他星球般繞行黑洞。怎麼做才能打破這種不斷繞圓圈（事實上是橢圓圈）的模式，變點新花招呢？其實，黑洞周圍總是有不只一個粒子沿著軌道繞行。正因有大量物質繞行黑洞，而且這些物質彼此也會交互作用，我們才能觀測到黑洞豐富的天文物理現象。再者，黑洞必須遵守的物理定律不只有重力，也包括角動量守恆。受到黑洞吸引的大量物質在這兩項定律作用下，便形成可以觀測到的天文奇景，而類星體就是一個很好的例子。

類星體（quasar）是位於星系中心地帶的奇異天體，其核心有一個超大質量黑洞。因為這個超大質量黑洞會影響周遭物質，所以類星體發出的光，甚至比一個星系中所有恆星加起來還要強，而且涵蓋電磁波譜的所有波長。我們會在第八章談到類星體及其他「活躍星系」，還有規模比類星體更小的微類星體（與位居星系內部的類星體相比，在量級上，微類星體的黑洞質量更小）。現在，讓我們繼續思考黑洞周圍的物質吧。

前面說過，孤立黑洞不會發光，所以無法直接觀察到，只能探測它們與其他物質的交互作用。任何朝黑洞墜落的物質都會獲得動能，也會與其他一樣在墜落的物質形成亂流（turbulence），並在這種渦旋運動中逐漸加熱。這個加熱過程會使原子電離，導致黑洞發出電磁輻射。由此可見，黑洞本身並不會直接輻射，黑洞與鄰近物質的交互作用，才是黑洞周圍發出輻射的原因。

黑洞在太空中並非與外界毫無交互作用的天體，不論是氣體或星球，附近的物質都會受到黑洞重力場吸引。由於重力拉力會隨著距離縮短而劇增，如果恆星不幸和黑洞靠得太近，就會被拉扯分裂。如圖15所示，受到重力吸引的物質有一小部分會完全被黑洞吞噬或者吸積（accretion）。物質可不是一直加速前進，就這麼咻一聲穿越事件視界了，反而會在鄰近黑洞的地方表現出宛如求愛儀式的繁複行為，而且我們發現，這種吸積物質會具有幾何特徵——通常是盤狀。

在球對稱的重力場中，氣體會在哪個平面形成吸積盤，跟黑洞沒什麼關係，而是離黑洞遙遠的氣流所具備的特性，決定了吸積盤所在的平面。話雖如此，如果黑洞會自旋，那麼不論吸積氣體在渦旋半徑較大的地方怎麼流動，最終仍會在垂直於自旋軸的平面沉降。如果吸積物質本身有任何一點旋轉作用，就必須從角動量守恆的觀點來考慮。如果吸積物質具有旋轉作用，就會順著某種程度上是圓形、但實際上是螺旋形的軌道向內旋繞，同時損失能量。當旋轉的吸積物質接近黑洞，就會出現第三章說過的冷澤—提爾苓效應，所以在渦旋半徑較小的地方，吸積盤會開始與自旋黑洞的赤道面對齊。在這個論點中，此效應稱為巴丁—佩特森效應（Bardeen-Petterson effect）。

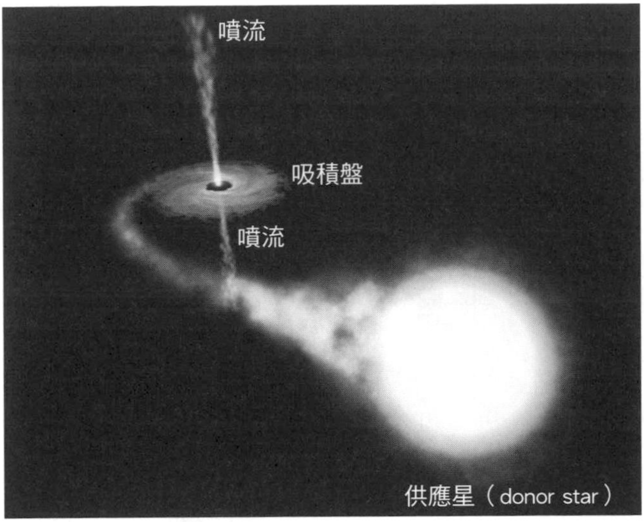

圖 15　從這幅藝術家創作的圖像中，可以看到吸積盤有一道噴流（詳見第八章），而吸積盤中心黑洞產生的重力潮汐力，正在撕裂一個鄰近的供應星。

© Dan Gardner

如果塌縮物質含有大量氣體，這些氣體原子就會在自己的軌道上與其他氣體粒子相碰撞，導致氣體原子中的電子受到激發，躍遷到較高能階。當這些電子從高能階退回低能階，會放出光子，而光子的能量正是電子往返所需的高低能階差。

既然會放出光子，就表示有輻射能量離開塌縮氣體雲，因而有能量損失。雖然吸積過程會釋放能量，但角動量始終在系統之內，聚積的物質繼續在任一平面上自轉，同時淨角動量原本的方向維持不變，所以系統角動量不變。因此，受到吸引的物質一定會形成一個吸積盤，也就是說，這些物質會形成一種盤旋結構，長期繞行黑洞。而物質繞行時離黑洞越近，溫度就越高，甚至可能造成吸積盤發出的輻射帶有X射線光子，達到一千萬度的高溫。（溫度高到這種地步，已經無所謂攝氏溫標或絕對溫標了！）

稍微分析牛頓物理學常見的幾個方程式就會發現，給定質量的墜落物質釋放的重力能，取決於其質量與它沿著螺旋軌道落入的黑洞質量的乘積，以及物質與黑洞相隔的距離。

如果已知像黑洞這樣的吸子的質量，那麼墜落物質離黑洞越近，釋出的重力位能就越多，如圖16所示。再者，墜落物質開始加速前，在離黑洞極遙遠處具備能量（以愛因斯坦著名的方程式 $E = mc^2$ 計算，其中是 E 是能量，m 是質量，c 則是光速），抵達最接近黑洞的穩定圓軌道後，又擁有新的能量，而兩者之間的差，就是未來能轉換為輻射的能量。

雖然核融合頗有潛力成為地球未來的能源，但它最多只能產生出可用能量的〇．七％（即以 $E = mc^2$ 計算）；相較之下，吸積物質顯然還有更多可用靜質量，可以藉由電磁或其他形式輻射，轉換為能量釋放。另一方面，正如第四章所說，吸積物質能接近黑洞到什麼程度，須視黑洞自旋速度而定。如果黑洞自旋速度很快，墜落物質的盤旋結構就能靠得較近，形成較小的軌道。其實，物質墜落在自旋黑洞的吸積過程，是目前已知利用質量產生能量的最有效方法，而且學者認為，這就是類星體燃料供應的機制。類星體是宇宙中持續釋放能量最強的地方，我們會在第八章進一步討論。

我說過，質量與能量具有一種等效關係。以史瓦西（無自旋）黑洞而言，原則上可以釋放出相當於它原本質量六％的能量，而羅伊．克爾為場方程式提出的解證明，比起相同質量的無自旋黑洞，自旋黑洞最內圈的穩定圓軌道半徑小得多。因此，從克爾黑洞理應能提取更多的旋轉能，但唯有當墜落物質繞行的方向與黑洞自旋同向，才能成立。如果物質繞行的方向與黑洞自旋反向，也就是在逆行軌道上，那就只剩不到四％的能量能以電磁輻射的形式釋放。然而，如果黑洞正以最大

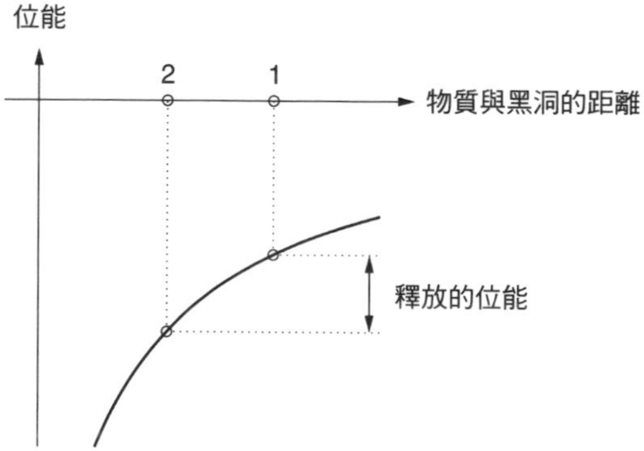

圖 16　如圖，一個物質（試驗粒子）的位能，隨著與黑洞相隔的距離減少而下降。

速度自旋，墜落物質繞行的方向又與黑洞自旋同向，那麼原則上，只要物質損失的角動量夠多，可以沿著最接近黑洞的穩定順行圓軌道盤旋，就能將高達四十二％的靜能量轉換為輻射釋放。

第六章提過，位於人馬座A*的銀心黑洞的吸積速率是每年億分之一的太陽質量，乍看之下似乎不多，但其實這相當於每年吞噬三百個地球。要維持典型類星體強烈的光度，物質吞噬速率必須達到每年數倍的太陽質量，但如果是一般規模較小的微類星體（第八章也會談到），物質吞噬速率大概會降為類星體的百萬分之一。

另一種同樣可以提取能量的情況，則是伽瑪射線爆發（gamma-ray burst，通常簡稱為GRB）：伽瑪射線的強光束突然迸發閃光，看起來就像遙遠的宇宙出現猛烈的爆炸。一九六〇年代晚期，美國人造衛星首度觀測到這個現象，起初收到訊號時還以為是蘇聯在試驗核武呢！

物質普遍會經由盤狀結構螺旋落入黑洞，於是物理學家發現，簡單計算出一些重要物理量的數值，可以產生頗富啟發性的想法——只要不侷限於盤面幾何，想一想球面幾何，就會發現一些有趣的限制。比起吸積盤，恆星的世界與電漿球體更為近似，特別適合做為範例來說明。亞瑟·艾丁頓爵士指出，在恆星高溫的氣體中，激發電子釋放的輻射與其他離子碰撞後，會對接下來攔截到的任何物質施加輻射壓。光子能「散射」恆星內部高溫電離電漿中的電子，也就是能為電子「賦予能量與角動量」。這種向外壓力會透過靜電力（相當於帶電的重力）傳給正離子，像是氫原子核（即質子）、氦原子核，以及其他存在於恆星當中的重元素。

就恆星的例子而言，淨輻射會呈放射狀向外行進，造成向外輻射壓，相較於將物質向內拉往恆星中心的重力，作用方向正好相反。恆星大致上是球面幾何，所以向外輻射壓再大也有個極限，不然就會凌駕向內重力而導致恆星自爆，而這個最大輻射壓就稱作艾丁頓極限（Eddington limit）。

高輻射壓往往源自高輻射光度，而天體的光度又可以由亮度來判斷，只要我們知道該天體的距離就行。只要有個簡化的假設，包括將吸積盤類視為球體，就能推論出天體內部輻射壓的量。有時候，這個簡便的方法會用來粗估黑洞的質量。觀察周圍電漿出現的輻射光度，如果判斷達到「艾丁頓光度」的最大極限值，就能估算出這個黑洞的質量。（一旦光度高於極值，向外輻射壓就會高到超過質量的向內重力，導致黑洞自爆。）

如果要討論吸積過程的效率，也可以假設艾丁頓光度是物質吸積的最大速率，於是我們有了稱作「艾丁頓速率」的物理量，為假設效率的最大值。不過，某些情況下還是可以突破這個最大極限，像是拒絕球對稱假設，就是值得注意的一個例子（就恆星而言沒問題，至於為了了解黑洞成長歷程而必須考慮的吸積盤，則因為是盤面幾何，顯然行不通）。

如何測量吸積盤內部的旋轉速度

拜天文科技進步之賜，現在已經能測量出物質繞行黑洞的速度，至少離地球比較近的繞行物可以，而其中比較棘手的挑戰是難以掌握夠精確的角度尺度。相較於平常觀測用的光學望遠鏡，這種望遠鏡的空間解析度若非精細一千倍，起碼也要有一百倍。一般而言，可以藉由用較短波長觀測或打造更大的望遠鏡，來達到更清晰的解析度，如果能降低觀測波長與望遠鏡口徑的比例，效果更好。偏偏專門望遠鏡造價貴得不像話，而觀測波長再短下去就要邁入紫外線區，但比起一般觀測用的可見波長，紫外波長更不容易穿透地球大氣。至於降低波長與口徑比例的方法，倒是有點意想不到，要用能穿透大氣層與電離層的無線電波長，比紫外波長或可見波長都還要長得多。只是這麼一來，望遠鏡口徑幾乎要等於地球直徑。

在此要說明一下這種方法會面臨的幾個技術問題：用全口徑望遠鏡觀測時，

即使實際採集區域只是理想情況下全口徑的稀疏子集，但多虧法國數學家傅立葉（Jean Baptiste Joseph Fourier）建立好用的數學方法，觀測到的訊號大多都能重建。如果將獨立天線（每一支看起來都像獨立望遠鏡，見圖17）蒐集到的訊號相互關聯在一起，就可以重建天空中各個小區域的影像，細節非常清晰，一如大小等同地球的望遠鏡所取得的影像。

讓我舉個例子幫大家了解這精細到什麼程度：假設我站在紐約帝國大廈（Empire State Building）頂樓，你人在舊金山，當你用這麼高的解析度朝帝國大廈觀測，就連像我的小指頭指甲這麼微小的細節，也能鑑別出來。（我刻意忽略地球是球體的事實，舊金山與帝國大廈間當然沒有直接視線，但你懂我的意思。）換句話說，有了特長基線陣列（VLBA）這樣的工具，就能鑑別其他星系中距離不到一光月的細部特徵。

影像兼具高空間解析度與高光譜解析度（即在光譜上能精確辨別出某些特徵的波長），將能發揮極大功用。哈佛大學由吉姆・莫蘭（Jim Moran）領導的團

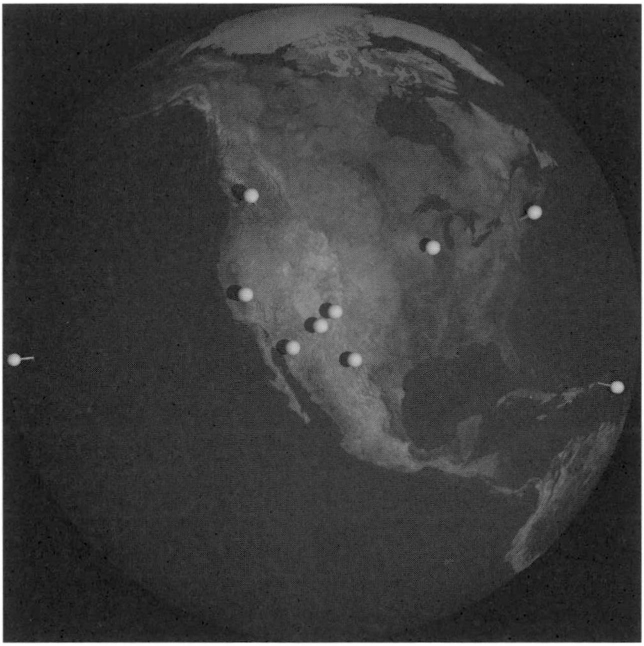

圖 17　藝術家創作圖像：所有天線的特長基線陣列（Very Long Baseline Array, VLBA）共同生成影像，解析度相當於口徑接近地球直徑之望遠鏡的成像。

隊應用都卜勒效應，藉由 VLBA 觀測鄰近星系 NGC 4258 中央黑洞外圍的吸積盤。他們針對某個分布於旋轉吸積盤的光譜訊號（即水邁射〔water maser〕），測量波長變異，並利用邁射物質因接近或遠離地球而產生的紅移與藍移，探測物質在給定距離內繞行黑洞的速度變化。這些精巧而優美的數據證實，物質繞行黑洞的方式遵循克卜勒定律，其軌道如圖 18 所示。

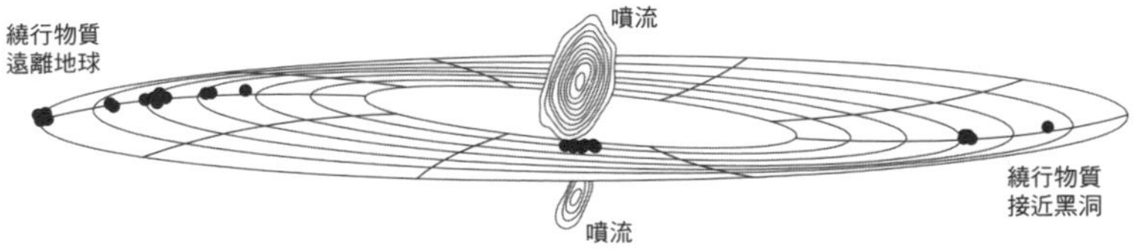

圖 18　星系 NGC 4258（又稱為 M 106）中心黑洞的質量為太陽質量的 4000 萬倍，圖為 VLBA 測得在吸積盤內部，各個邁射物質沿軌道繞行黑洞的分布情形。

譯注：全名為 Messier 106，1781 年由法國天文學家皮埃爾．梅尚（Pierre Méchain）率先發現，至 1947 年以編號 106 被納入梅西耶星表。

渦旋物質

當一個黑洞的質量為太陽的一億倍，最內圈穩定軌道上的角動量，與繞行一般星系的物質相比，會小到只有萬分之一，甚至更小。由此可見，要讓黑洞能夠吸積物質，就必須藉由吸積盤內部作用先損失這麼多角動量。吸積盤內的軌道可以視為非常近似圓形，但實際上，這些軌道是循著細緻的螺線漸漸旋進。根據克卜勒定律，物質的繞行半徑越小，行進速度越快，有了這種差動自轉（differential rotation）的現象，黑洞就可以吸收原為吸積盤成分的電漿：內軌道上快速旋轉的物質，會和附近半徑較大的外軌道上的物質摩擦生熱。由於有這種速度差，繞行半徑較大的物質在黏滯的亂流效應影響下，會受到拖曳而稍微加速，內軌道上的物質則會稍微減速。此時因為外側軌道運動加速，角動量已經從內側物質轉移給外側物質，同時加熱外側物質。

整體而言角動量是守恆的，而內側物質循序漸進損失角動量，也就更容易被黑洞吞食。請注意，如果結成一團的繞行物質有太多角動量，就會因為行進速度太快無法靠近黑洞，而離質心越來越遠。吸積盤中的電漿可能有什麼樣的黏滯效應呢？在這個情況下，原子間黏滯力相當小，構成吸積盤的氣態電漿與黏稠的糖漿截然不同。事實上，將角動量從吸積內流向外傳遞的過程中，磁場可能扮演著重要角色。哪來的磁場呢？吸積盤中的電漿溫度極高，會將一部分原子電離成電子與帶正電荷的核子，形成帶電粒子流，而根據馬克士威方程式，流動的電荷就會產生磁場。再怎麼微弱的磁場一旦生成，就會在差動自轉作用下拉長、放大，並受到電漿的亂流不斷調整，直至能提供所需的黏度為止。這就是「磁轉動不穩定性」的理論基礎。一九九〇年代初，史帝夫．拜爾巴斯（Steve Balbus）與約翰．霍利（John Hawley）任職於維吉尼亞大學（University of Virginia）期間，率先發現這個機制對吸積盤角動量傳遞的重要性。

透過黏滯亂流及其他可能途徑，電漿最終會損失角動量，以較小的半徑接近黑洞繞行。一旦氣態電漿抵達最接近黑洞的穩定軌道，不必再靠摩擦力旋進就能掉入黑洞，此後電漿雖然會消失無蹤，黑洞的質量與自旋速度卻會增加。

吸積盤是什麼模樣？溫度有多高？

我們已經知道，在繞行物質損失角動量的過程中，黏滯與亂流效應左右著全局，導致物質越繞越接近黑洞，最終被黑洞吞食。不過，黏滯作用也會使整體螺旋軌道運動轉變為隨機熱運動，導致物質溫度升高。物質的隨機熱運動越激烈，就有越多熱能，溫度也就越高。第五章說過，有熱能的地方，就有熱電磁輻射，任何物體只要不是絕對零度，就會發出熱輻射。

我們觀察到吸積盤閃耀的光輻射，就是肇因於這種加熱作用。如果是類星體中心超大質量黑洞外圍的吸積盤，直徑往往長達十億公里，大部分輻射都落在光譜上的可見光與紫外光區。微類星體的黑洞質量小得多（詳見第八章），其外圍吸積盤直徑只有類星體中心黑洞的百萬分之一，輻射則多為X射線。可見黑洞的質量越大，最內圈穩定圓軌道就越大，而外圍吸積盤的溫度也就越低。

以質量為太陽一百倍的超大質量黑洞而言，其吸積盤內部最高溫度約為一百萬克耳文（Kelvin，編按：溫度計量單位）；而恆星質量黑洞外圍的吸積盤的最高溫度，比這還要高一百倍。

如何測量黑洞自旋有多快？

既然實際上無法直接觀察到黑洞，當然也無法觀察到黑洞自旋。話雖如此，還是有兩個主流方法可以測量黑洞自旋得有多快。

第四章說過，當黑洞自旋得非常快，物質在外環穩定軌道上繞行時，可以比黑洞無自旋的情況更靠近黑洞。結果發現，當物質在這種緊密軌道上循螺線旋進，會受到劇烈亂流與黏滯效應影響而加熱，正是這股龐大的熱能，可能導致X射線放射，但實際情況仍取決於物質被吞噬前距離黑洞有多近。廣義相對論預言，放射物質與黑洞的距離（重力紅移所造成），會導致光譜線的形狀帶有一種顯著的特徵。這種特徵源於物質內含的螢光鐵原子，而從X射線光束提取資訊的方法，則是由劍橋大學的安德魯．費邊（Andrew Fabian）率先提出。

這些測量結果都不容易解讀，畢竟影響因子太多了，像是吸積盤與地球的傾角、吸積盤表面的風與外流物質的特性，而我們視線延伸可及的吸積盤內緣，也有一些必須掌握的重要性質，否則便無法破解黑洞的訊息。此外還有其他方法，可以測出恆星質量黑洞的自旋，包括測量X射線光譜的顯著範圍，以及解釋吸積盤內部區域（較為灼熱）和外部區域（漸漸冷卻）的不同溫度。我們可以藉由X射線光譜的形狀來估算吸積盤的傾角，並在已知黑洞質量、黑洞與地球距離的假設下，由最高溫度推論出最內圈繞行物質與黑洞的距離。目前杜倫大學的克莉絲汀．唐恩（Christine Done）正研發類比方法，希望能測出類星體中心超大質量黑洞的自旋速率。只要知道物質繞行黑洞時能靠得多近（前提當然是還沒被黑洞吞噬），我們就能判斷黑洞的自旋有多快。

狼吞虎嚥的黑洞

後來我們才發現，被黑洞吸引的物質，實際上只有一小部分（據估約為十%，但也可能比這個數值高出許多）能抵達事件視界，進到黑洞的肚子裡。第八章將更進一步探討這些落向黑洞卻沒有被吸進事件視界的物質，會面臨什麼情況。在穿過吸積盤時，物質可以像風一樣被吹走，而在吸積盤最內圈半徑之內則會變成電漿噴流，以近乎光速的速度噴射而出。我們在第八章會看到，黑洞會把沒吃掉的東西吐出來，甩得團團轉，景象十分壯觀。

第八章

再談黑洞，以及其他

黑洞不只會吸入物質

如果我們的肉眼能觀察無線電或X光波長，就會看到巨大的氣球或電漿波瓣（plasma lobes）同時橫跨數個星系。這種電漿內含的帶電粒子以接近光速的速度移動，會發出涵蓋特定範圍波長的強烈輻射。其中一些星系（如：活躍星系）表現出噴流形成的電漿波瓣，以相當於光速的高速行進，在事件視界之外從黑洞四周噴射而出。彭羅斯概括性指出：理論上可以如何從黑洞的動圈提取自旋能量。英國物理專家羅傑・布蘭福德（Roger Blandford）與洛曼・日納傑（Roman Znajek）則清楚解釋如何將自旋黑洞儲藏的能量轉移到電場和磁場中，進而提供能量，產生所謂的相對性電漿噴流。關於黑洞周遭發出噴流的機制，還有其他理論解釋，不過孰是孰非，仍是目前學術界躍躍欲試的熱門問題。

姑且不論最終獲得證實的是哪一種機制，可以確定的是，這些噴流是高度聚焦的準直流（collimated flows），從事件視界之外鄰近黑洞的區域噴射而出。事實上，星系之間的區域並非空無一物的空間，反而充滿一種瀰散而稀薄的氣體，稱作星系際介質（intergalactic medium）。

當噴流衝擊星系際介質時會形成衝擊波，且衝擊波內部會出現壯觀的粒子加速現象，而黑洞周遭噴流所產生的高能電漿波湧起伏，從直接受到衝擊的區域向外流動，隨著電漿膨脹，就會有極大量的能量從電漿傳給星系際介質。像這樣擴張數百萬光年以上的電漿噴流其實有很多，所以黑洞在宇宙中影響範圍極廣，甚至遠及事件視界之外數百萬光年的地方。在這一章，我會介紹黑洞對周圍環境的影響及交互作用。

第六章說過，多數星系的中心應該都是黑洞，會有物質吸積，導致吸積盤發出電磁輻射，稱為「活躍星系」。有些活躍星系的吸積過程特別有效，發出的輻射也特別明亮，像這樣的星系就稱為「類星體」。類星體一詞源自最初命名的「類星無線電波源」（quasi-stellar radio source），是距離極遙遠的高亮度電波發射點。現在我們知道，類星體是宇宙中已知持續釋放能量最強的地方，輻射能量從較長的無線電波長到可見波長，再到X射線波長乃至極端部分，涵蓋整個電磁波譜。上面提到的電波瓣（radio lobes），由於橫跨超過數十萬光年之遙（見圖19），能量活動特別劇烈，會產生無線電波長的輻射能量。這種龐大的電波瓣儲存著超熱磁化電漿，動力源自噴流從渺遠的太空輸送過來的能量。電漿波瓣內部布滿磁場，所以當高能電子（此處「高能」意指「以近乎光速的速度行進」）於電漿波瓣中行進，在任何方向上都會受到磁場垂直作用力而加速，進而發出同步輻射光子（可能是無線電波，在罕見情況下也可能是波長更短的高能波，甚至是X射線。）

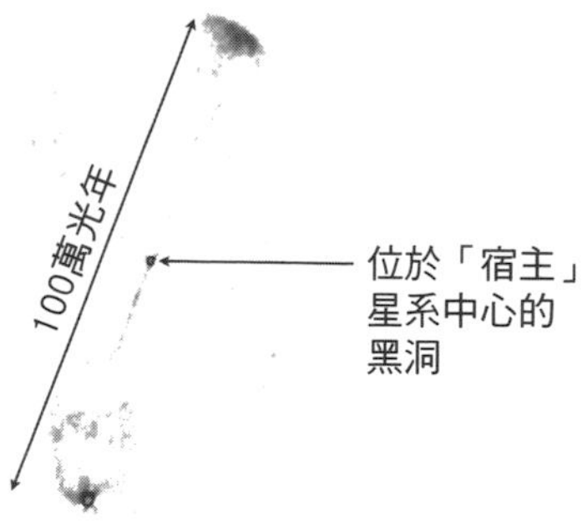

圖 19　圖為一個巨大類星體的無線電波影像，規模橫跨超過 100 萬光年。

為了更明白類星體產生的能量規模有多大，讓我們想一想以下數值：我正在用的 LED 燈輸出功率為十瓦，而點亮這盞燈的能量，則是來自功率為數十億瓦（十億瓦即 10^9 瓦，也可稱為一百萬瓩）的地區發電廠所輸出的電力。相較之下，太陽的輸出功率為 4×10^{26} 瓦，是這個發電廠的一百兆兆倍有餘，而我們的銀河系有超過一千億顆恆星，總輸出功率將近 10^{37} 瓦，但類星體產生的能量更多，輸出功率比銀河系還要高出不只一百倍！而且要記得，這麼強的能量不是由一千億顆恆星或一個星系所發出的，而是源於僅僅一個黑洞周圍的物理作用。像這樣的輻射會嚴重危害地球生物的健康，所以銀河系附近沒有這種強大的類星體，對我們來說也是好事一樁。

藉由估計天體噴流的成長速度，並測量出成熟噴流的大小，我們認為噴流的壽命最長不超過十億年。由此可見，距離、時間、速度的簡單關係，有助於判斷在宇宙各地觀測到的類星體噴流活動可能維持多久。

隨著電波瓣向外擴張，磁場和電波瓣中個別電子的「內」能都會變弱，而這兩種效應，又會導致輻射強度隨時間過去及遠離黑洞而降低。至於強度降低的程度有多劇烈，就要看其中高能電子與低能電子的相對數量如何。同步輻射有一個特性是，磁場強度越低，電子能量就必須越高，才能產生波長符合電波望遠鏡的輻射，所以當電漿波瓣向外太空擴張，同步輻射變弱的情況會更加嚴重。除了電漿擴張導致電子損失能量，也因為磁場強度減退，唯有能量不斷升高的電子對望遠鏡來說才有意義，但這種高能電子的數量往往遠不及低能電子，所以類星體電波瓣的光一下子就熄滅了。

到這裡好戲還沒結束，不過壯觀的相對性噴流的確已經轉移到不同波段，出現更奇異的現象——電漿波瓣會經由一種散射過程發出X射線螢光，稱為逆康普頓散射（inverse Compton scattering）。在一個夠龐大的磁場中，電子會發出同步輻射並因而損失能量。此外，這些電子與組成宇宙微波背景（Cosmic Microwave Background, CMB）的光子交互作用，則是另一種能量損失機制。

宇宙微波背景是大霹靂（Big Bang）遺留下來的輻射，至今仍以冷卻的微波輝光浸潤整個宇宙。電漿波瓣的電子可能會與 CMB 的光子碰撞，於是光子獲得比碰撞前更多的能量，電子則剩下比碰撞前更少的能量（但記得，整體上能量依然守恆）。我們感興趣的是，快速行進的電子所具有的能量，原本是靜止電子的十萬倍甚至一百萬倍，一旦降低到只剩下一千倍，恰好可以將 CMB 光子增能散射成 X 射線光子。高能電子與低能光子經過交互作用而產生高能光子的過程，有點像撞球，當白色母球（想像這是電子）撞上一顆紅球（想像這是光子，為了方便說明，請忽略這顆球並非以光速行進的事實！），紅球會獲得許多能量，白球則損失不少。在撞球檯上，紅球最後會掉進其中一個球袋（希望會啦），但在宇宙中，光子的能量會比碰撞前增加約一百萬倍，波長也會因而比原來縮短一百萬倍。

一九九九年 NASA 發射的人造衛星錢卓（Chandra），能敏銳偵測出 X 射線波長，確實能在 X 射線波段偵測到啞鈴形雙瓣，一如電波望遠鏡能在公分波段（cm-wavelength）偵測到這些雙瓣結構。如圖 20、圖 21 所示，在無線電波段觀

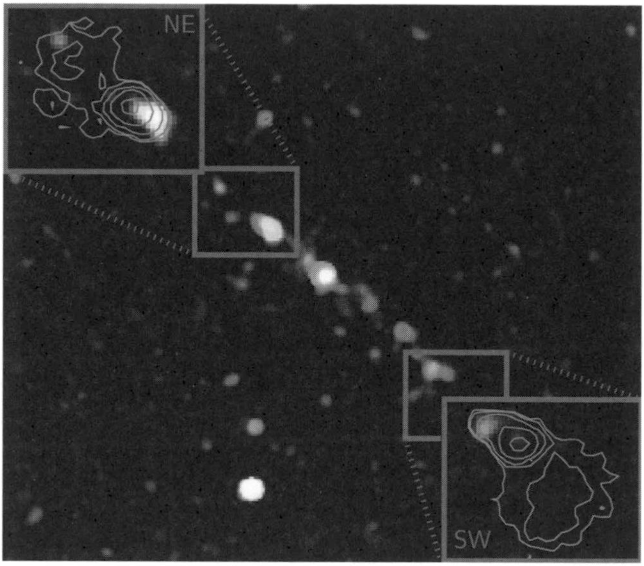

圖 20　圖中這個巨大類星體規模橫跨 50 萬光年，其雙瓣結構在無線電波段（等高線部分）與 X 射線波段（灰階部分）都能觀測到。

測到的雙瓣結構以等高線呈現，在X射線波段觀測到的則以灰階呈現。

其實，如果能追蹤某個類星體的生命周期，觀察它如何經歷所有演化階段（就像生物學家追蹤青蛙的生命周期，可能會觀察牠們如何從卵變成蝌蚪，接著長出小小的腿，再變成還留有粗短尾巴的小蛙，到最後變成更大的成蛙，乃至死亡），就會看到雙瓣結構的輻射能量，從無線電波長漸漸轉變為以X射線為主。一開始無線電波結構會變弱，直至偵測不到，接著X射線結構也會弱到無法偵測。當然啦，在噴流復甦的情況下，例如當黑洞獲得更多燃料時，噴流還是會再度提供能量，形成無線電波雙瓣結構，接著又蛻變成X射線雙瓣結構。

在圖20、圖21也可以看到，某些類星體同時具有無線電波與X射線雙瓣結構，但也有些類星體只具備其中一種，如圖22所示。在一些特殊情況下，會看到類似原先噴流活動的X射線雙瓣結構，但也有一些新的無線電波活動。這些無線電波活動的角度不同於X射線結構，因為反向噴流原本發射的方向已經迅速轉向，換句話說，反向噴流「進動」了。圖21的例子就是在說明這種現象。

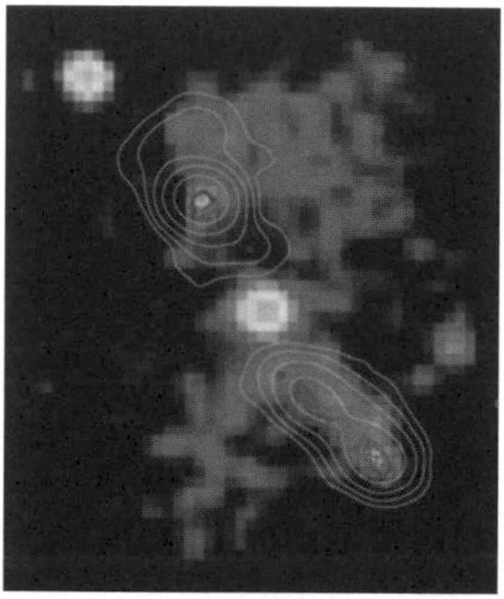

圖 21　圖為類星體的雙瓣結構。無線電波段觀測到的等高線部分為近期活動，其方位不同於 X 射線波段觀測到的灰階部分（CMB 光子的逆康普頓散射導致雙瓣結構發射出殘餘能量），表示這個類星體的噴流軸可能已經發生進動，就像微類星體的噴流軸一樣。

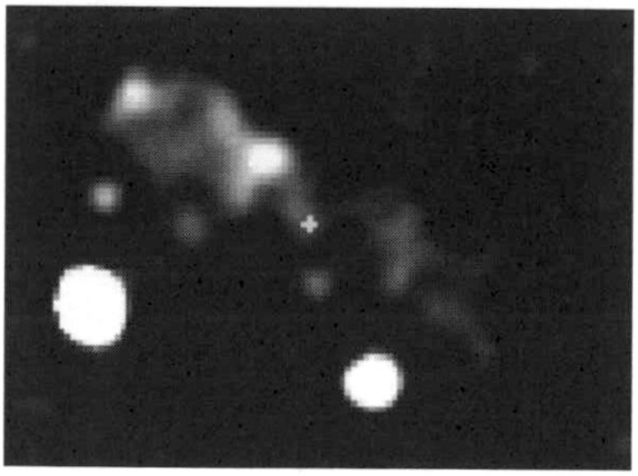

圖 22　這是一幅 X 射線影像，顯示雙瓣結構橫跨著這個只能在 X 射線波段偵測到的星系。

許多類星體與電波星系的噴流軸穩定度，正是超大質量黑洞自旋穩定度的指標，宛如陀螺儀。為什麼有的噴流軸會進動，有的不會呢？等到我們發現是什麼在鄰近黑洞的噴流發射點控制了噴流的角動量，就能回答這個問題。答案究竟是黑洞本身的自旋軸，還是和分別在第三章提到的冷澤—提爾苓效應和第七章提到的巴丁—佩特森效應所決定的吸積盤內部的角動量向量有關，目前還不清楚，我們需要更多資料才能解釋所觀測到的黑洞行為。不過，地球附近小型天體的觀測資料的確有跡象顯示，噴流軸的進動作用與吸積盤的角動量息息相關。

微類星體

目前為止，我們討論的類星體都是位於活躍星系中心的超大質量黑洞，但事實證明，還有另一類天體有極為相似的行為，只是規模相形之下非常小。這些黑洞的質量較低，在離地球更近的地方就能觀測到。事實上，它們就位於我們的銀河系之中，稱為「微類星體」（microquasar）。

相較於其他星系中心的河外類星體，雖然銀河系的微類星體規模很渺小，但兩者都會產生電漿噴流，具有類似的物理特性，而且我們認為，兩者的動力都來自受到重力吸引而墜向黑洞的物質。就微類星體而言，中心黑洞的質量相當於太陽；就強大的河外類星體而言，中心黑洞的質量可能比太陽還要大一億倍！對天體物理學家來說，鄰近天體不可多得的好處就是質量小很多，所以演化非常快，時間尺度以「天」為單位，不像類星體動輒耗時數百萬年。話雖如此，微類星體一切活動的中心周圍噴射而出的噴流，就像類星體的噴流一樣，也是從事件視界之外的地方發射，而且實際的發射點很可能就是吸積盤的最內緣。

作用於微類星體間的機制複雜，噴流的發射速度與造成噴流的黑洞質量之間的關係也並不簡單。在追蹤觀測微類星體天鵝座 X-3（Cygnus X-3）的噴流時，偶爾會看到電漿噴流離開黑洞的速度出現變化，而藉由縮時天文量測技術，我們就能在連續時間內逐次取得觀測結果，測定電漿噴流奔離黑洞的速度有多快，進而判斷速度變化。在量測某個微類星體的過程中，我們看到噴流速度原為光速的八十一％，四年後卻降到只剩六十七％。自發現這個微類星體以來，已經數度觀測到噴流出現或快或慢的變化，因此我們不能說噴流速度只會隨著時間流逝而變慢。反覆無常的噴流速度，似乎也是銀河系另一個微類星體 SS433 的特色，等一下我會更詳細說明。SS433 噴流的速度也擺盪不定，往往才幾天的時間，就在光速的二十至三十％之間出現各種變化。

對稱之美

SS433 是位於銀河系的微類星體，距離地球僅僅一萬八千光年，其無線電波影像如圖23所示，這種特殊的鋸齒狀／螺絲狀形態，就是 SS433 的電漿噴流結構在天球切面出現的樣子。構成噴流的電漿火球，會以介於光速二十至三十％之間的高速運動，而且運動方向會按照極穩定的周期隨著時間變化。事實上，噴流的發射軸進動的方式，很像在獨木舟參考系中的獨木舟選手划槳的樣子，只是時間尺度並非幾秒鐘，而是六個月。此外，至少有一些類星體看起來也會出現同樣的行為（見圖21），不過類星體的進動更加緩慢，慢到我們無法針對這些變化取得適用的時間樣本。

微類星體噴流在天空中是鋸齒狀還是螺絲狀，不但牽涉到觀測的時間點，更與電漿火球的物理運動直接相關，而一項值得注意的特徵就是「對稱」：東瓣噴流成分的物理運動，就與西瓣成分的運動同等且相反。舉例來說，如果某個微類星體一

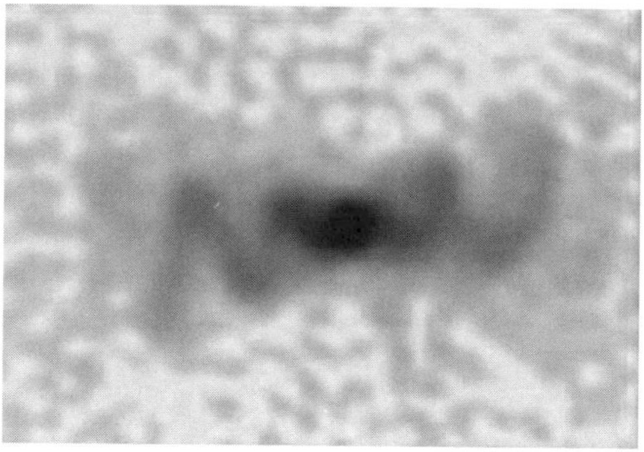

圖 23 在無線電波段出現的微類星體 SS433 的噴流。

側的電漿火球以光速二十八％的速度運動，那麼另一側噴流瓣也會以相同速度運動，只是方向相反。因為電漿噴流總是以接近光速的速度運動，會產生大家耳熟能詳的相對性光行差（relativistic aberration），所以噴流雙瓣看起來往往是一瓣像鋸齒，一瓣像螺絲。相較於河外類星體，這個例子的微類星體輻射能量不算大，總光度只有 4×10^{26} 瓦，約為圖23微類星體 SS433 的十萬分之一，不過還是比相形之下弱掉的太陽強很多。

噴流發射

處女座星系團（Virgo Cluster）是由一千多個星系構成的星系團，離銀河系只有五千萬光年遠，中心有一個巨大星系，稱為 M87（為 Messier 87 的縮寫），於一七八一年由法國天文學家夏爾．梅西耶（Charles Messier）發現，並列入他所編纂的星表中。在 M87 中央是一個超大質量黑洞，其質量為太陽的三十億倍，而且會產生極強的直噴流，如圖24所示。

這股噴流在可見光波段、無線電波段及X射線波段都很容易被看到。一般認為，掉入物質會落在M87中心的星系核，形成第六章說的那種吸積盤，吸積速率為每年二～三個太陽質量。這股噴流的發射點很可能位於吸積盤內緣地帶，發射速度則非常接近光速，我們因而稱之為「相對性噴流」。像這樣接近光速的速度，可以用第七章介紹過的VLBA連續逐次觀測到，而且設置在地球大氣之

圖 24　星系 M87 中心超大質量黑洞的電漿噴流，以接近光速的速度噴射而出。

外的哈伯太空望遠鏡、錢卓X射線天文台衛星，都具備比設置在地球更高的靈敏度。這麼一個距離地球五千萬光年的天體以光速運動時，投影在天球上的行進速度會是每年四毫角秒。如果我們把一角秒想成三千六百分之一度，把四毫角秒想成三千六百分之一度的四千分之一，這個角度看起來小到難以測量，但其實只要善用VLBA這樣的工具，就能輕鬆分辨出這麼小的間隔。VLBA已經拼湊出這個噴流的基部影像，範圍略小於其超大質量黑洞史瓦西半徑的三十倍。

圖25顯示了無線電波電漿的波瓣與羽流，動力來自M87中心超大質量黑洞的相對性噴流。

圖26更進一步說明相對性噴流會形成遼闊的波瓣，圖中的波瓣在空中延展了六度，並配合用來觀測的望遠鏡陣列呈現出波瓣的尺度。這個望遠鏡是澳大利亞望遠鏡緻密陣列（Australia Telescope Compact Array），操作者為伊拉娜・費恩（Ilana Feain）及她的同事。

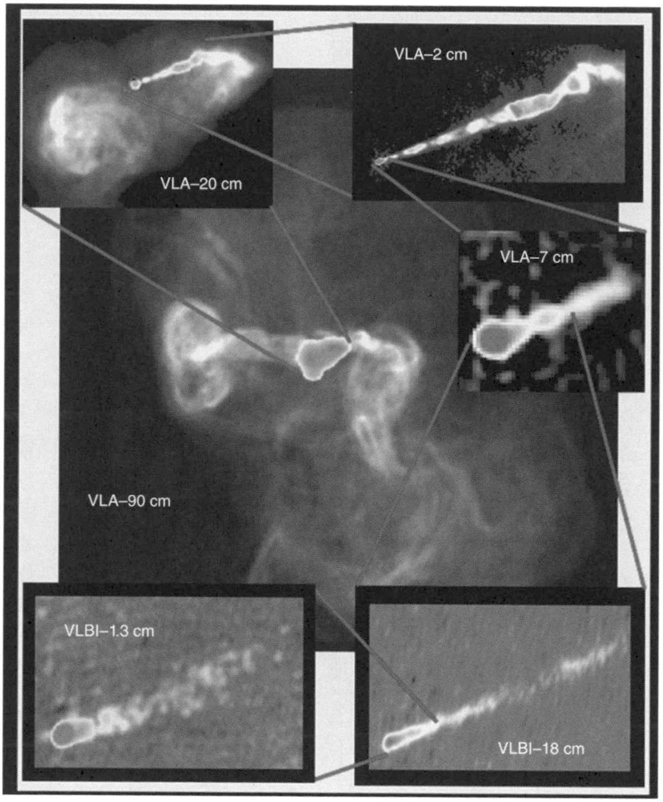

圖 25 無線電波瓣不斷受到相對性噴流餵養能量，從星系 M87 中心的超大質量黑洞噴射而出。

© Frazer Owen

圖 26　從這張合成圖可以看到，月球與澳大利亞望遠鏡緻密陣列的光學影像，以及半人馬座 A（Centaurus A）的無線電波影像。

© Ilana Feain

相對性噴流從黑洞周遭發射的機制目前多為推測，還沒有定論。不過，世界各國獨立團隊已經進行各種研究，有大量證據顯示目前發現的基本特徵都相當正確。儘管如此，這也只是大略的樣貌，至於具體機制及其詳細作用，雖然在光子不足且受到選擇效應影響的情況下經過研究人員耐著性子檢驗，但說到底仍只是推測。嚴格說來，理論證明並非科學，實際證據才是。

我們的研究至此舉步維艱，因為就算動用當今世上最先進的成像技術，也無法分離解析有最多能量釋放的極小區域影像。但話說回來，要超越這種目前科技的限制，高階電腦的數值模擬正好可以派上用場。事實上，模擬吸積盤噴流發射的研究結果，可以澈底解釋廣義相對論效應，而且不久前才剛發表。這種模擬能藉由輸入已知的要素與公理，調整噴流與吸積盤的尺寸規模，直至它們的特性符合先進技術觀測的結果。

那麼我們對宇宙中黑洞的質量又了解多少呢？看來，黑洞大致可分為兩類。第一類是「恆星質量黑洞」，其質量與太陽相似，介於太陽質量的三～三十倍之間，由燃燒殆盡的恆星形成。

第二類是「超大質量黑洞」，質量大躍升，約為太陽質量的一百億倍，是活躍星系與類星體天文奇觀的幕後推手。前面說過，星系的中心往往有這種超大質量黑洞，銀河系也不例外。

我們探討過掉進黑洞的物質，但如果是一個黑洞掉進另一個黑洞，會怎麼樣呢？這並非憑空設想的問題，目前已知這種黑洞雙星可能存在。在這樣的天體裡，兩個黑洞會沿著軌道相互繞行旋轉。一般認為，黑洞雙星會發出重力輻射，因而開始損失能量並朝彼此旋近。像這樣旋近到最後，廣義相對論會達到臨界點，此時兩個黑洞會忽然結合成單一黑洞，共享單一事件視界。

在一個雙星系統中，兩個超大質量黑洞合併會放出驚人的能量，或許比可見宇宙所有恆星的光加起來還要強，其中大部分能量都轉為重力波釋放。重力波是時空曲率的漣漪，以光速在整個宇宙中傳遞，而我們已經開始探測重力波存在的證據。如果重力波經過一個物體，例如一支棍子，那麼隨著時空曲率的漣漪流過，棍子的長度也會出現忽長忽短的波動變化。只要可以利用雷射干涉之類的技術測量出這些細微的長度變化，就有辦法探測到宇宙其他地方發出的重力波。重力波探測器有望測到黑洞合併發出的訊號，地表或太空都可以設置，也都有前例，預計還會興建更多。其實重力波非常難以偵測，必須先出現夠強的重力波波源，才有那麼點機會讓這個實驗成功，而黑洞合併事件在波源強度排行榜上，算是名列前茅的候選對象。我在寫作的此刻，學界尚未直接探測到重力波，不過實驗依舊在繼續[3]。

愛因斯坦的廣義相對論，是我們目前最好的重力理論，自一九一五年問世以來已經成功度過無數的考驗。事實證明，廣義相對論取代牛頓理論，更加適合用來解釋實驗結果，但若要繼續挑戰廣義相對論的極限，黑洞肯定是這個近代物理奠基理論的終極試煉場。

太空中重力極強的極小區域，一定會出現量子效應，正是廣義相對論可能失效的地方。不過在宇宙中，廣義相對論也可能在更大的尺度上失效。當前的熱門話題是廣義相對論是否完備，足以解釋宇宙在極大尺度上加速膨脹的現象。此外，也有人嘗試另闢蹊徑，想從廣義相對論以外的觀點來解釋加速膨脹與暗能量。如果能偵測到黑洞合併放出的重力波，或者能透過觀測資料，深入了解這些奧妙天體周圍出現的基本物理現象，就更有機會驗證愛因斯坦的理論還管不管用，是否該被新的理論淘汰。

3 編按：本書成書於二〇一五年。二〇一六年二月十一日，雷射干涉重力波天文台（LIGO）與處女座干涉儀（Virgo）研究團隊宣布，已於二〇一五年九月十四日首次直接探測到重力波。

為什麼我們要研究黑洞？

研究黑洞的原因很多，其中一個是，黑洞開啟了對物理參數空間的探索。對我們來說，黑洞系統是能夠探索的最極端環境，或者更確切地說，是物理學研究的極限，不僅同時納入廣義相對論與量子物理學（兩者至今還無法整合），也一直是物理學研究的最前線。

第二個原因是，黑洞研究同時吸引了科學家與喜歡思考的門外漢，不但能啟迪科學興趣，也鼓舞著許多人加入研究行列，開始探索我們身邊偉大的宇宙之美。

第三個原因也許令人意想不到，黑洞研究也能嘉惠地球上的凡夫俗子。研究黑洞還能改變我們的生活嗎？答案是，我們的生活早就因此改變了。

此刻我正把這本書最後幾行字輸入筆記型電腦，而這台筆記型電腦也會透過802.11 WiFi標準協定，將我輸入的書稿同步備份到牛津大學伺服器。最初是羅恩．艾克斯（Ron Ekers）主持的研究，為了測試馬丁．芮斯勳爵（Martin Rees，現任英國皇家天文學家）提出的模型，而在無線電波段尋找爆炸黑洞的特徵，才衍生出這項複雜巧妙的技術。另一方面在澳洲，由約翰．歐蘇利文（John O'Sullivan）率領的一批傑出無線電波工程師，原本為了偵測遙遠太空的細微訊號，正絞盡腦汁設計干擾抑制演算法，後來他們才發現，這種演算法正好可以用來改造地球上的通訊方式。由此可見，黑洞不但能改寫物理學、喚醒想像力，還能革新科技，帶給我們許多事件視界綁也綁不住的好處！

致謝

在此誠摯感謝 Phillip Allcock、Russell Allcock、Steven Balbus、Roger Blandford、Stephen Blundell、Stephen Justham、Tom Lancaster、Latha Menon、John Miller、Paul Tod。謝謝你們為本書提供豐富務實的建議，並特別感謝 Stephen Blundell 整理本書圖解，以及 Steven Lee 協助進行光學觀測。

凱瑟琳

二〇一五年四月於牛津

延伸閱讀

- M. Begelman and M. Rees, *Gravity's Fatal Attraction*, 2nd ed. (Cambridge University Press, 2010).
- J. Binney, *Astrophysics: A Very Short Introduction* (Oxford University Press, 2015).
- J. B. Hartle, *Gravity* (Addison Wesley, 2003).
- A. King, *Stars: A Very Short Introduction* (Oxford University Press, 2012).
- A. Liddle, *An Introduction toModern Cosmology*, 3rd edn. (Wiley-Blackwell, 2015).
- F. Melia, *The Galactic Supermassive Black Hole* (Princeton University Press, 2007).
- D. Raine and E. Thomas, *Black Holes: An Introduction*, 2nd edn. (Imperial College Press, 2010).
- C. Scarf, *Gravity's Engines: How Bubble-Blowing Black Holes Rule Galaxies, Stars,*

and Life in the Cosmos (Scientific American/Farrar, Straus and Giroux; Reprint edition, 2013).

- R. Stannard, *Relativity: A Very Short Introduction* (Oxford University Press, 2008).
- A. Steane, T*he Wonderful World of Relativity: A Precise Guide for the General Reader* (Oxford University Press, 2011).
- K. Thorne, *Black Holes and Time Warps* (W.W. Norton, 1994).

國家圖書館出版品預行編目(CIP)資料

黑洞：扭曲時空之地 / 凱薩琳 . 布倫戴爾 (Katherine Blundell) 著 ;
葉織茵譯 . -- 初版 . -- 臺北市 : 日出出版 : 大雁文化事業股份有
限公司發行 , 2021.08
面 ; 公分
譯自 : Black holes : a very short introduction
ISBN 978-986-5515-76-8(平裝)
1. 黑洞 2. 宇宙 3. 物理學
323.9 110009296

黑洞：扭曲時空之地

BLACK HOLES: A VERY SHORT INTRODUCTION, FIRST EDITION

作　　者 凱薩琳 ・ 布倫戴爾 (Katherine Blundell)
譯　　者 葉織茵
責任編輯 李明瑾
封面設計 張　巖
內頁排版 陳佩君
發 行 人 蘇拾平
總 編 輯 蘇拾平
副總編輯 王辰元
資深主編 夏于翔
主　　編 李明瑾
業　　務 王綬晨、邱紹溢
行　　銷 陳詩婷、曾曉玲、曾志傑
出　　版 日出出版
地址：台北市復興北路 333 號 11 樓之 4
電話（02）27182001　傳真：（02）27181258
發　　行 大雁文化事業股份有限公司
地址：台北市復興北路 333 號 11 樓之 4
電話（02）27182001　傳真：（02）27181258
讀者服務信箱 E-mail:andbooks@andbooks.com.tw
劃撥帳號：19983379 戶名：大雁文化事業股份有限公司
初版一刷 2021 年 8 月
定　　價 310 元

ISBN 978-986-5515-76-8

BLACK HOLES

A VERY SHORT INTRODUCTION

ATHERINE MARY BLUNDELL

牛津通識課 宇宙篇

由牛津大學出版社(OUP)授權

精選宇宙學最熱門、最基礎的主題，透過專業簡明的論述與圖表，迅速建立關於宇宙的知識架構。

行星

重力

光

黑洞

關於牛津通識課

牛津通識課(Very Short Introductions，簡稱VSI)是牛津大學出版社(Oxford University Press)的系列叢書，秉持「為所有讀者提供一個可讀性強且包羅萬千的工具書圖書館」的信念，自1995年出版以來，內容涉及歷史、神學、藝術、哲學、文學、醫學、自然科學、政治等數十多種領域，出版近七百本讀物。每一本書對應一個主題，都由該領域公認的專家撰寫，篇幅簡潔精煉，並提供進一步深度閱讀的建議，確保讀者讀完後能建立該主題的專業級知識框架。

VSI系列上市以來取得了極大的成功，已被翻譯為二十五種語言，全球銷量超過一千萬冊，其中許多讀本被選為大學入門教材。

BLACK HOLES

人類是如何發現黑洞的存在？黑洞真的完全是黑的？
物質掉進黑洞會怎樣？如果一個黑洞掉入另一個黑洞，
又會發生什麼事？

「黑洞」是宇宙中最奇特的天體之一，也是人類想像力的極限之地。其神祕危險又充滿吸引力的形象，讓人們認為只要揭開黑洞之謎，就能找到關於宇宙形成的終極答案。

本書從黑洞的形成與擴張、黑洞的本質與特徵開始說起，帶你穿梭各個星系，觀賞超巨大的「怪獸」黑洞與其引發的各種奇異現象，介紹與黑洞相關的理論基礎與研究發展。

你將在超乎想像的遊歷過程中，建立關於黑洞的基礎知識框架。

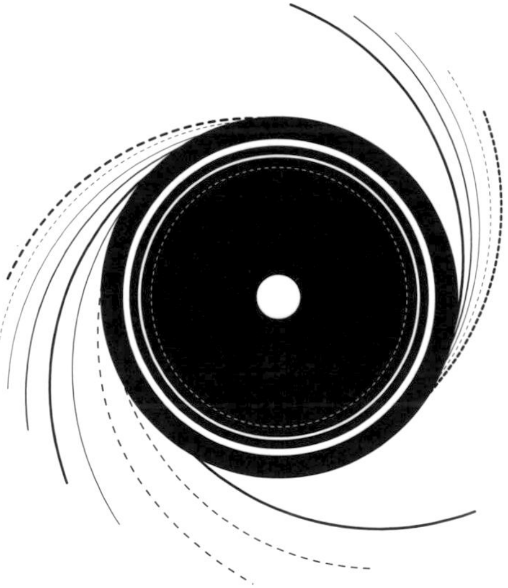

ISBN 978-986-5515-76-8
00310
9 789865 515768

日出　大雁出版基地
www.andbooks.com.tw

ISBN 978-986-5515-76-8　SP0031　定價310元